墨香财经学术文库

典型区域物流业碳排放时空分布与达峰预测研究

Research on the Spatiotemporal Distribution and Peak Prediction of Carbon Emissions in the Logistics Industry of Typical Regions

梁毅 著

东北财经大学出版社
Dongbei University of Finance & Economics Press
大连

图书在版编目（CIP）数据

典型区域物流业碳排放时空分布与达峰预测研究 / 梁毅著. —大连：东北财经大学出版社，2025.6. —（墨香财经学术文库）. —ISBN 978-7-5654-5678-7

Ⅰ. X511

中国国家版本馆CIP数据核字第20250GD874号

典型区域物流业碳排放时空分布与达峰预测研究

DIANXING QUYU WULIUYE TANPAIFANG SHIKONG FENBU YU DAFENG YUCE YANJIU

东北财经大学出版社出版发行

大连市黑石礁尖山街217号　邮政编码　116025

网　　址：http://www.dufep.cn

读者信箱：dufep@dufe.edu.cn

大连永盛印业有限公司印刷

幅面尺寸：170mm×240mm　字数：165千字　印张：11.5　插页：1

2025年6月第1版　　2025年6月第1次印刷

责任编辑：孙　平　　责任校对：赵　楠

封面设计：原　皓　　版式设计：原　皓

书号：ISBN 978-7-5654-5678-7　　定价：68.00元

教学支持　售后服务　联系电话：（0411）84710309

如有印装质量问题，请联系营销部：（0411）84710711

前言

全球气候变化已经引起世界的关注，气候变暖已是人类社会面临的最为严峻的挑战之一。中国政府于2020年在第七十五届联合国大会上宣布进一步提高《巴黎协定》中的国家自主贡献力度，实施更加有力的政策和措施，努力在2030年前达到碳达峰，并争取在2060年前实现碳中和。对于物流业来说，粗放式的发展模式还未得到实质性转变，高能耗、高排放的问题严重制约了我国物流业的低碳经济发展。面对新时期的能源转型和宏伟的碳达峰、碳中和目标，如何减少物流业碳排放，推动物流业的可持续发展，是亟待解决的问题。因此，厘清物流业碳排放时空特征及影响因素，对推动物流业可持续发展至关重要。

本书共分为10章，具体如下：

第1章，绪论。本章主要介绍研究背景、意义和国内外文献综述，最后针对研究内容、研究方法、技术路线和创新点进行简要说明。

第2章，相关概念及理论依据。本章首先对物流与物流业、碳排放、物流业碳排放和碳达峰概念进行界定，然后对物流业低碳发展的相关基础理论进行了梳理，重点介绍可持续发展理论、低碳经济理论和低碳物流理论。

第3章，“一带一路”沿线省域物流业现状分析。本章首先介绍了共建“一带一路”倡议的由来、基本内涵，并对“一带一路”沿线省域做了一个区域划分。其次梳理了沿线省域的物流业发展现状。

第4章，“一带一路”沿线省域物流业碳排放测算。本章总结了测算物流业碳排放量的方法，并选出了最适合的IPCC碳排放系数法，依据物流业终端能源消费数据，测算出2006—2022年“一带一路”沿线省域物流业碳排放总量。

第5章，“一带一路”沿线省域物流业碳排放时空演变分析。本章依据第4章测算的2006—2022年“一带一路”沿线省域物流业碳排放总量，在充分掌握物流业碳排放现状的基础上，对沿线省域物流业碳排放时间演化和空间分布特征进行描述性分析。时间演化研究方面，选用SLOPE倾向值进行趋势性分析；空间分布特征研究方面，通过空间自相关性进行分析，明确沿线省域物流业碳排放的区域差异和空间分布状况。

第6章，“一带一路”沿线省域物流业碳排放效率评价。本章通过构建投入产出指标体系，将物流业碳排放量作为非期望产出加入到指标体系中，利用SBM模型和SBM-Malmquist模型深入分析“一带一路”沿线省域物流业的发展情况。

第7章，“一带一路”沿线省域物流业碳排放影响因素分解研究。本章通过构建物流业碳排放的GDIM广义迪式指数分解模型，探讨各影响因素对“一带一路”沿线省域物流业碳排放的作用方向和作用大小，即计算各影响因素的物流碳排放的变化量，从而识别出引致沿线省域物流业碳排放增加的因素和碳排放减少的因素，为接下来的物流业碳排放的达峰预测分析以及达峰路径的确定奠定基础。

第8章，“一带一路”沿线省域物流业碳排放达峰情景预测分析。本章基于因素分解结果，建立物流业碳排放预测模型，依据历史数据和政策目标分别设置基准情景、政府干预情景和技术突破情景，采用蒙特卡洛模拟法对三种情景的“一带一路”沿线省域物流业碳排放量在2023—2035年期间的变化情况进行预测分析，为确定碳达峰路径提供理论依据。

第9章，“一带一路”沿线省域物流业碳排放达峰路径研究。本章基于“一带一路”沿线省域物流业碳排放时空特征、物流业碳排放影响因素和达峰情景预测分析结果，提出沿线省域物流业碳减排政策建议，为早日实现碳达峰目标提供方向和指南。

第10章，结论与展望。本章对本书的研究结论进行梳理和总结，并对未来研究提出一些展望。

本书首先运用IPCC碳排放系数法计算2006—2022年“一带一路”沿线省域物流业碳排放量，并从时间和空间两个维度分析物流业碳排放的演变特征。其次，运用SBM模型和SBM-Malmquist模型从静态和动态角度测算2006—2022年“一带一路”沿线省域物流业碳排放效率。再次，运用GDIM广义迪式指数分解模型对“一带一路”沿线省域物流业碳排放进行因素分解，并对各因素的贡献方向和大小进行研究分析，在此基础上，选取影响物流业碳排放的重要因素，结合蒙特卡洛模拟法和情景分析法预测在基准情景、政府干预情景和技术突破情景下“一带一路”沿线省域物流业在2023—2035年期间碳排放的变化情况。最后，对实现碳达峰目标的情景进行分析，并结合碳排放影响因素贡献程度，为“一带一路”沿线省域物流业实现碳达峰提供相应的减排路径。

本书得到了河北地质大学管理学院学术著作出版基金项目资助。同时本书也是教育部人文社会科学研究青年基金项目（编号：21YJC630072）、河北省燕赵黄金台聚才计划骨干人才项目（编号：HJYB202528）、河北省高等学校人文社会科学研究青年拔尖人才项目（编号：BJS2323003）、河北省矿产资源战略与管理研究基地的研究成果。

本书或有不足之处，我们诚挚地邀请读者提出宝贵的意见与建议，以便我们在未来能够改进并优化内容。

梁　毅

2025年4月

目录

第1章 绪论

1.1 研究背景及意义

1.1.1 研究背景

（1）气候变化问题引起全球关注

气候变化是当今全球普遍关注的热点问题，作为全球变暖的罪魁祸首——二氧化碳仍然在不断增加，二氧化碳的减排问题受到各界学者的广泛关注。随着工业革命带来的经济发展和技术进步，人类活动产生大量二氧化碳等温室气体，导致全球气候变暖和极端气候事件频繁发生。工业革命以其大规模生产和能源消耗方式，推动碳排放的增加，加速全球气候变化进程。世界气象组织（World Meteorological Origanization，WMO）确认2023年全球平均温度较工业化前水平高出约1.45℃，若这种趋势不加以控制，将会对全球的生态系统带来严重的影响。政府间气候变化专门委员会（Intergovernmental Panel on Climate Change，IPCC）

第六次评估报告的综合报告也证实了日益严峻的全球气候变化挑战。许多国家正在努力减少二氧化碳排放，以缓解全球变暖，并将“碳中和”上升为国家战略，提出了无碳未来的愿景。

为了应对不断加剧的全球气候变化趋势，国际社会正在共同努力。从《联合国气候变化框架公约》（United Nations Framework Convention on Climate Change，UNFCCC，1992）到《京都议定书》（Kyoto Protocol，1998），从《哥本哈根协议》（Copenhagen Accord，2010）到《坎昆协议》（Cancun Agreement，2010），再到《巴黎协定》（Paris Agreement，2016），都指出各方将加强对气候变化威胁的全球应对，把全球平均气温较工业化前水平升高控制在2℃之内，并为把升温控制在1.5℃之内而努力。2019年召开的第二十五届联合国气候变化大会，进一步商讨了《巴黎协定》相关的实施细则，要求缔约方明确国家自主贡献减缓气候变化，尽早实现碳达峰，多数发达国家在实现碳达峰后，明确了碳中和的时间表。IPCC发布的《IPCC全球升温1.5℃特别报告》（2018）表示，将全球变暖限制在1.5℃对人类和自然生态系统有明显的益处，同时还可确保社会更加可持续发展，“1.5℃红线”是今后全球生态系统以及人类健康稳健的关键所在。强调控制气温上升的阈值，主要是为了减少气候变暖对我们生存环境的威胁。

（2）中国强化碳减排目标

可持续发展不仅是全球的发展目标，更是我国未来发展的必然选择。作为全球第二大经济体和二氧化碳排放大国，我国肩负着巨大的减排压力。从1998年《京都议定书》的签署到2015年巴黎气候大会的承诺，我国一直积极地致力于应对气候的变化，分别在“十一五”（2006—2010年）、“十二五”（2011—2015年）、“十三五”（2016—2020年）和“十四五”（2021—2025年）规划期间提出中国应对气候变化的方案，例如2007年国务院印发《中国应对气候变化国家方案》，2011年国务院印发《“十二五”节能减排综合性工作方案》，2016年国务院印发《“十三五”控制温室气体排放工作方案》，2021年国务院印发《2030年前碳达峰行动方案》。此外，我国在《巴黎协定》中强调未来国家自主贡献的目标（2016）：二氧化碳排放努力在2030年左右达到峰值并争取尽早达峰；单位国内生产总值二氧化碳排放比2005年下降60%～65%；非化石能源占一次能源消费比重达到20%左右；森林蓄积量比2005年增加45亿立方米左右。

（3）共建“一带一路”背景下碳减排的必要性

2013年我国提出共建“丝绸之路经济带”和“21世纪海上丝绸之路”（简称“一带一路”）的倡议，推动“一带一路”建设，“一带一路”在中国圈定的地区包括：新疆、陕西、甘肃、宁夏、青海、内蒙古、黑龙江、吉林、辽宁、广西、云南、西藏、上海、福建、广东、浙江、海南和重庆。“一带一路”建设给我国沿线省域带来经济发展的新机遇，但同时活跃的经济活动所产生的碳排放给生态环境带来巨大的压力。物流业作为支撑“一带一路”建设的基础性产业，既是经济增长的重要引擎，又是共建绿色“一带一路”的重要抓手，如何平衡物流业迅速发展与生态文明建设之间的矛盾是我国实现碳达峰目标并打造低碳“一带一路”亟须解决的问题。同时，中国作为共建“一带一路”倡议的发起国，关于“一带一路”区域建设及实施将直接对共建国家的能源和环境产生深远影响。因此，首要任务是准确了解“一带一路”沿线省域碳排放特征，从物流业入手，充分发挥好辐射作用，推动减排措施的实施并促进可持续发展，为全球可持续发展贡献力量。

（4）物流业是碳减排目标实现的关键部门

物流业作为经济发展和居民生活的基础性部门之一，在提供运输服务中需要消耗大量的能源，进而加剧物流业产生的二氧化碳排放。物流业的快速发展推动社会经济进步，加强区域间的交流与合作，在国民经济发展中扮演着重要的角色，然而，我们也不能忽视物流业所产生的高碳排放问题。近年来，“一带一路”沿线省域物流业碳排放总量以年均3.08%左右的速度持续增长，2022年“一带一路”沿线省域物流业碳排放量为37 536.98万吨左右（如图1-1所示）。

物流业运输活动能源消耗以及居民生活所产生的二氧化碳排放已成为环境玉力的主要来源之一。在运输服务中需要消耗大量的能源，特别是产生高碳排放量的化石燃料。城镇化进程的不断推进、人口的聚集、经济活动的增加，使得物流需求和规模不断扩大，从而产生更多的货物

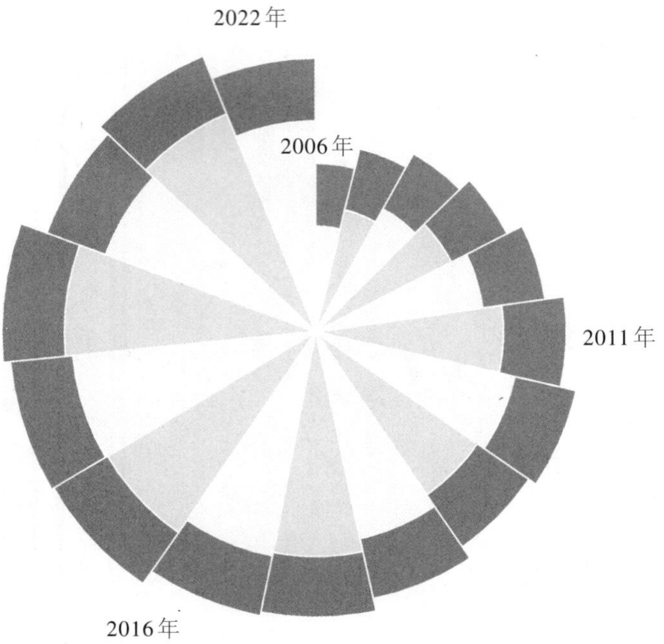

图1-1 2006—2022年“一带一路”沿线省域物流业碳排放总量趋势图

运输和配送服务，因此带来更多的碳排放。此外，城镇化加速了城市建设和基础设施建设，如道路、桥梁等，需要更多的交通运输来支持城市的发展，增加运输的能源消耗和碳排放。如果不采取措施，城镇化的快速扩张将继续促进物流需求，伴随而来的是更多的碳排放，这将给我国物流业的节能减排和低碳发展带来巨大的挑战。因此，为履行中国在2015年巴黎气候大会上的承诺，以及助力“双碳”目标的尽早实现，物流业势必要承担节能减排的重任。

物流业已成为我国减排关注的重点领域，物流业由于其高耗能、高碳排放的特点，亟须寻求低碳绿色发展出路。2022年国务院发布的《“十四五”现代物流发展规划》的重点在于强化物流数字化科技赋能和绿色发展，加快国际物流网络化发展，推进高铁快运和航空物流稳步发展，加快培育现代物流转型升级新动能，构建现代物流发展新格局，实现更高质量、更有效、更可持续的发展。把握“一带一路”沿线省域物流业碳排放现状，提升物流业绿色发展，有效降低物流业碳排放强度，可以为我国物流业可持续发展和实现绿色“一带一路”奠定基础。

本书以“一带一路”沿线省域为代表，主要研究重点省域物流业碳排放情况。研究物流业碳排放驱动因素，有利于物流业明确自身减排方向，作出针对性的战略举措。此外，本书结合主要影响因素，进行物流业碳达峰的预测，为制定碳达峰路径奠定基础，助力我国碳达峰目标的顺利实现。

1.1.2 研究意义

物流业作为世界三大碳排放来源部门之一，其碳减排直接关系到碳减排任务能否有效完成。物流业作为连接国内外市场的重要纽带，其碳排放问题日益受到关注。通过对典型区域物流业碳排放的研究，我们不仅能够探索出一条符合我国国情的低碳发展路径，还能为全球物流业的绿色发展贡献中国智慧，实现经济效益与环境效益的和谐统一。

2015年，国家发改委、商务部、外交部28日联合发布《推动共建丝绸之路经济带和21世纪海上丝绸之路的愿景与行动》，划定了中国经济对外发展的五条国际大通道，圈定了沿线18个省份，并明确了这些省份的定位。“一带一路”建设是我国在新的历史条件下实行全方位对外开放的重大举措，给我国沿线省份经济带来发展的同时也给环境带来了压力。在推动共建“一带一路”倡议的背景下，物流业作为支持“一带一路”建设的基础性产业，研究其碳排放的时空特征、影响因素及达峰预测，为物流业碳达峰路径提供更加具体而明确的方向，从而实现“双碳”目标下物流业的可持续发展，助力绿色“一带一路”的建设，具有重要理论与现实意义。

（1）理论意义

在评估减少二氧化碳排放量和实现碳达峰方面，碳排放量是一个关键的指标。对于物流业来说，碳排放量变化是需要重点关注的对象之一。当前国内外学术界多研究碳排放测算和碳排放的影响因素两个方面，本书首先从时空两个维度分析“一带一路”沿线省域物流业碳排放的演变趋势。在时间上，采用倾向值SLOPE对“一带一路”沿线省域物流业碳排放进行趋势性分析；由于物流业碳排放空间关联性较强，本书采用空间自相关模型从纵向和横向两个方面分析“一带一路”沿线省域的物流业碳排放动态特征。其次，构建因素分解模型探究“一带一路”沿线省域物流业碳排放的影响因素。最后，有关“碳达峰”的研究是当前学术界一大热点问题，因此，结合蒙特卡洛模拟法和情景分析法对“一带一路”沿线省域物流业碳排放进行达峰预测，为今后学者们对物流业碳排放达峰路径的研究提供借鉴。因此，研究“一带一路”沿线省域物流业碳排放具有较好的理论意义。

（2）现实意义

已有研究主要集中在对单个省份、城市群或是在全国范围内进行研究，共建“一带一路”倡议自提出以来迄今十余年，有关“一带一路”沿线省域的研究较少，故本书选择“一带一路”沿线省域物流业作为研究样本，研究物流业的碳排放时空演变趋势、影响因素和碳达峰预测。对“一带一路”沿线省域物流业碳排放进行时空演变分析可以对碳排放量现状有整体的认知。通过对“一带一路”沿线省域物流业碳排放影响因素的研究，可以得到各种影响因素的具体作用大小和方向，在此基础上，进一步运用情景分析法结合蒙特卡洛模拟法探究不同情境下物流业未来的碳排放量，可以为物流业的低碳发展提供有针对性的建议，以便更好地推进绿色“一带一路”建设，同时对助力我国碳达峰目标的尽早实现以及完成《“十四五”现代物流发展规划》中提出的主要任务具有重要的现实意义。

1.2 国内外研究现状

物流业是国家经济发展和保障人民生活的基本部门，该行业对化石能源的依赖极大，是二氧化碳排放的主要来源之一。从全球碳排放占比看，据国际能源署（International Energy Agency，IEA）统计，物流业是第二大碳排放来源，占比约为25%，是引起全球气候变化的主要因素之一。因此，物流业的减排问题备受各国关注，国内外许多学者对物流业碳排放问题进行了大量研究，以满足物流业碳减排的迫切需求。本书从物流业的碳排放核算方法、物流业碳排放时空特征分析、物流业碳排放影响因素分析和碳达峰预测研究等四个方面对相关文献进行梳理，为本书后续研究奠定基础。

1.2.1 碳排放核算的研究现状

碳排放核算是了解碳排放现状、定量化表述碳排放变化趋势和制定低碳发展目标的首要前提，对进一步探究碳排放的时空分布特征、影响因素和达峰预测有着重要作用。

由于我国还没有建立完备的碳排放监测系统，所以目前还没有权威机构能准确给出碳排放数据，主要是通过能源消耗来进行估算。因此，选择适当的碳排放测算方法对所得数据准确性具有重要影响。目前国内外学者用于测算碳排放量的主要方法有三种：实测法、质量平衡法和碳排放系数法。

（1）实测法

实测法可通俗地理解为实地测量法，其是通过对气体现场测定，得到气体的排放浓度和流量，在此基础上，测算出气体的排放量，其测算精度较高。王雪娜等（2006）运用实测法测算我国不同地区农业用地的碳排放，克服了我国农业用地上的作物差异导致碳排放量的不同，从而提高了研究结果的准确性。李翠霞等（2010）研究发现实测法适用于对碳排放较为连续稳定的排放口的碳排放量的计量，比如可以用于测算火电厂废气处理设施的出口的温室气体排放量。但实测法存在获取数据较为困难、测算成本高和运用范围小等缺点，在国内的应用还不多。

（2）质量平衡法

质量平衡法，也有学者称为物料平衡法，可以根据每年引入国家生产生活的新化学物质和设备，计算为满足新设备能力或替换去除气体而消耗的新化学物质份额。Singh等（2016）利用质量平衡法，计算了印度和英国50个污水处理厂基于不同规模和不同技术选择下的能源和碳足迹情况。孟帆等（2022）采用物料平衡法，根据污水处理数据计算出CO_2的净产生量。但是质量平衡法在核算碳排放时需要考虑的碳排放中间过程较多，容易出现系统误差问题。另外，此方法需要准确的碳含量数据，但目前缺乏更为准确的区域能源碳含量且通过实测法进行碳含量测量的时间成本和经济成本较大。所以，该方法目前在碳排放核算中鲜有应用。

（3）碳排放系数法

联合国政府间气候变化专门委员会（Intergovernmental Panel on Climate Change，IPCC）发布的国家温室气体指南中提出的碳排放系数法相比前两种方法具有更多的应用实例和更强的权威性，目前应用较为广泛，是被学者普遍认同的一种碳排放核算方法。1995年，IPCC编写并发布了第一版《国家温室气体排放清单指南》，首次为各国温室气体排放量估算确立了基本一致的范围。IPCC碳排放系数法即通过测算碳排放主体在活动过程中的能源消耗，将其与排放因子的乘积作为该活动碳排放量估算值。Yang等（2015）利用IPCC碳排放系数法测算了2000—2012年中国交通运输二氧化碳排放量，从而可以分析中国交通运输碳排放的时空演变特征和区域差异。Yang等（2019）运用IPCC碳排放系数法对云南省16个城市物流业碳排放量进行测算，为物流业效率的分析奠定了基础。Quan等（2020）基于面板数据，采用IPCC碳排放系数法计算了2000—2016年中国物流业碳排放总量，为碳排放因素分解奠定了基础。金凤花等（2016）为了分析我国物流业碳排放强度的演化过程，采用IPCC碳排放系数法测算了1997—2012年我国各区域物流业的碳排放。任国强等（2021）为了研究中国物流业地区差距及变动，运用IPCC碳排放系数法测算了2004—2017年中国物流业的碳排放量。林秀群等（2022）以2008—2017年我国30个省（自治区、直辖市）的物流业为研究对象，依据IPCC碳排放系数法计算了我国物流业碳排放量。郑琰等（2023）选取顺丰速运作为研究对象，利用IPCC碳排放系数法测算了顺丰速运陆运和航空货运碳排放量。

综合考虑各方面因素，IPCC碳排放系数法是目前应用最广泛且较成熟的方法。因此，本书采用IPCC碳排放系数法对“一带一路”沿线省域物流业的碳排放量进行测算。

1.2.2 碳排放时空特征的研究现状

由于各区域地理位置和经济发展水平等方面存在差异，因此各地碳排放量存在不同。为了尽早实现减排目标，必须充分了解各区域碳排放的特点，以便制定针对性的减排措施。因此，碳排放时空特征的研究就非常重要。通过梳理国内外相关文献发现，有很多论文涉及物流业碳排放时空特征研究。

魏庭阳（2022）等运用SLOPE倾向值法研究了2000—2015年福建省市域、县域碳超载时间演变模式。杨彬（2015）将ESDA和GIS相结合，分析了我国各省域交通运输碳排放的时空格局特征，结果表明我国省域交通运输碳排放的增长速度和空间分异十分明显，交通运输碳排放呈现离散分布。李玮（2016）基于对我国交通运输业碳排放的测量，从碳排放量、人均碳排放量和碳排放强度三个方面，运用莫兰指数探索了我国交通运输业碳排放时空分布规律，指出我国交通运输业碳排放总量与人均碳排放量在空间上呈现"东中西"递减的集聚特征，而碳排放强度则呈现"东中西"递增的特征。马海涛等（2017）测算了京津冀区域2005—2014年公路客运交通的碳排放量并分析了其时空演变特征，发现区域总体公路客运交通碳排放绝对量在稳步快速增长，区域碳减排压力持续增加。Solaymani（2019）为了确定交通运输业碳排放的趋势和特征，研究了美国、中国、俄罗斯、加拿大等7个国家交通运输部门的碳排放，发现这7个国家的交通运输业碳排放约占全球交通运输业碳排放总量的一半。张克勇等（2019）研究了京津冀地区交通运输部门二氧化碳排放的时空特性，结果表明各地区交通运输部门二氧化碳排放分布不平衡，且有不断扩大的趋势。Lim等（2019）研究了国家层面的城市空间分布对交通运输业碳排放的影响，发现空间分散的城市化国家的交通运输业碳排放量较低。曾晓莹等（2020）采用探索性空间数据分析（ESDA）方法对我国30个省份的交通运输业碳排放时空格局进行了研究，结果发现交通运输业碳排放呈现显著的空间集聚效应。Long等（2020）利用全局和局部Moran指数分析了长江经济带的物流业生态效率空间自相关性，得出长江经济带物流业生态效率之间存在显著的空间相关性。曹俊文等（2021）研究了2008—2018年长三角地区物流业碳排放的时空特征，结果表明其物流业碳排放呈现增加的态势。刘华军等（2021）采用核密度和空间Markov链对中国物流业效率进行了空间格局分析，得出中等水平的相邻省份间物流业效率存在趋同性，而高、低水平的省份不易与相邻省份发生空间关联作用。Bai等（2022）运用ESDA法中的全局和局部莫兰指数对中国2005—2019年物流业二氧化碳空间异质性进行了分析，发现我国物流业碳排放的空间关联强度不断增加。孙彦明等（2023）以中国2005—2019年省域交通运输业的碳排放强度为研究对象，采用改进的马尔科夫链方法对其时空演变特征进行了研究，结果表明中国交通运输部门的碳排放强度呈现出波动下降的趋势，空间格局上表现为“西高东低”特点。李晓梅等（2023）以2006—2019年中国30个省域物流业为研究对象，结合全局自相关模型对中国实际物流碳排放效率进行空间演化特征描述，得出中国物流效率在相邻省份间呈现较强的空间整合性，其时空迁跃具有转移惰性与路径锁定。张兰怡等（2024）以我国2010—2021年物流业碳排放量为研究对象，采用Moran'I和双变量空间自相关模型探究其时空演变特征，研究结果表明，中国物流业碳排放呈现出逐渐增强的空间相关性，由之前的不显著逐渐演变为显著的正相关性，同时呈现出不同程度的空间集聚现象。杨青等（2024）以我国2003—2020年交通碳排放为研究对象，运用交通碳排放空间关联网络特征解析我国区域交通碳排放的时空关联特征。

综上所述，只有充分掌握物流业碳排放的时空分布特征，才能更加准确地进行碳达峰预测和提出碳减排路径。因此，本书对物流业碳排放进行时空特征分析。

1.2.3 碳排放影响因素的研究现状

进一步探究碳排放变化的影响因素，可以为碳达峰预测和达峰路径的制定奠定基础。关于碳排放的影响因素，实证研究非常丰富，受到国内外学者青睐的方法为结构分解法（Structural Decomposition Analysis，SDA）和指数分解法（Index Decomposition Analysis，IDA），其可用来识别复杂变量变化的驱动因素，20世纪80年代该方法首先在能源领域得到广泛的应用，而后被引入碳排放的研究中。

结构分解法是一种经济变动原因分析的方法，它通过对投入产出模型中关键参数的变化进行比较静态分析。它已被广泛应用于各个领域，并且在技术上不断发展和完善。Cansino等（2016）采用改进的SDA方法对西班牙1995—2009年CO_2排放量变化的结构分解进行了分析，将CO_2排放量变化在行业层面上的分解分为碳化效应、能源强度效应、技术效应、结构需求效应、消费模式效应和规模效应。Xu等（2017）采用SDA方法，对江苏省二氧化碳排放增量的影响因素进行了分解，从整体、部门和分部门三个层面对这些影响因素进行比较分析，结果表明，这些影响因素与江苏省经济增长有关，尤其是转移效应和投资效应使江苏省二氧化碳排放量大幅增加。但SDA方法对数据有较高要求，需要投入产出表，而中国的投入产出表每五年一出，数据可获得性差，所以其应用受到了一定限制。

指数分解法对数据要求较少且比较灵活，从而比结构分解法有着更广泛的应用。常用的指数分解法有对数平均指数分解法（Logarithmic Mean Divisia Index，LMDI）和广义迪式指数分解法（Generalized Divisia Index Method，GDIM）。对数平均指数分解法是一种常用的能源消费分解方法，它可以将总能源消费量拆分为各个因素的贡献。Dai等（2016）采用LMDI分解法分析影响中国物流业能源消耗变化的因素，发现能源强度在抑制能源消耗方面发挥显著作用。胥爱霞（2018）运用LMDI分解法对广东省2005—2014年物流业碳排放的影响因素进行了分析，发现经济是碳排放增长最主要的因素，能源效率是碳排放减少最主要的因素。Isik等（2020）以土耳其交通运输部门二氧化碳排放量为研究对象，利用LMDI分解法揭示二氧化碳排放量的影响因素，得出交通运输部门二氧化碳排放量主要是由经济增长推动的。穆晓央等（2020）以2011—2017年西部省域物流业碳排放量为研究对象，运用LMDI分解法对西部省域物流业碳排放进行影响因素分解，发现能源强度抑制碳排放增加。包耀东等（2020）通过LMDI分解法分析长三角区域物流业碳排放的影响因素，得出能源结构和产业结构抑制物流业碳排放增加的结论。然而，在某些情况下，LMDI有一些问题无法解决，主要受限于其表达形式：LMDI模型只能包含一个绝对因素，不能同时考虑多个绝对因素，并且没有考虑影响因素之间的相互关系。

为了解决上述问题，Vaninsky（2014）提出了广义迪式指数分解法，该方法可以同时考虑多个绝对变量和相对变量对碳排放的影响，更加准确、客观地分析各因素对碳排放变化的影响程度，其主要用于求解一些复杂的矩阵方程或者矩阵特征值问题。国内外已有学者使用GDIM方法对相关问题进行研究。王勇等（2019）以2005—2016年五种交通运输方式碳排放为研究对象，运用GDIM对碳排放进行因素分解，发现投资规模是影响五种交通运输方式碳排放量的首要因素。Zhang等（2021）运用GDIM对2000—2018年中国物流业碳排放进行驱动因素分析，结果表明物流业增加值是促进碳排放量增加的主要因素，贡献率为65.45%。戈秋虞等（2022）基于GDIM将2006—2018年的福建省交通运输业碳排放影响因素分解成8个，结果表明，交通运输业产值是碳排放增加的关键因素，周转碳强度是抑制碳排放增加的主要因素。Chen等（2023）为了探究中国交通运输业低碳发展的驱动因素，选用GDIM对其碳排放进行分解，结果表明，投资是交通运输业碳排放增加的主要贡献因素，投资碳强度是主要抑制因素。

通过对碳排放影响因素相关研究的梳理，本书选用广义迪式指数分解法对物流业碳排放影响因素进行分解。

1.2.4 碳达峰预测的研究现状

碳峰值是指未来碳排放量的最大值。达到这一峰值后，转入平台期随即稳步下降，碳排放量变化趋势将发生逆转。碳达峰预测分析是制定物流业碳减排措施的决策依据。

对于碳达峰的预测，大致可分为三种预测方法：

第一种预测方法是通过运用碳排放EKC模型判断是否存在拐点，若存在拐点则说明碳排放存在峰值，如Chen等（2020）通过运用EKC曲线的方法，预测了中国农业、工业、物流业和交通运输业的碳排放峰值。李达等（2021）以黄河流域29个市为研究对象，运用EKC法检验黄河流域生态保护和高质量发展的关系，结果表明，黄河流域生态保护的人均地区生产总值均未跨过第一拐点。

第二种预测方法是构建系统模型直接对碳排放量进行预测。高标等（2017）以区域农业为研究对象，基于灰色预测模型的基准情景预测，分析了区域农业碳减排潜力。陈亮等（2018）基于SVR对我国交通运输业碳排放进行预测，结果表明，未来我国交通运输业碳排放的增长趋势将逐步放缓。Li等（2021）运用BP、ELM、GA-BP和GA-ELM四种算法对2013—2017年我国交通运输业碳排放进行预测，并将各自算法的预测值与实际值进行比较，结果表明，GA-ELM在交通运输业碳排放上预测效果最佳。刘慧甜等（2023）基于2005—2019年我国30个省份交通运输业碳排放的面板数据，通过多种机器学习算法构建了不同的预测模型，结果显示，随机森林算法和XGBoost算法的预测结果均表现优异，而KNN算法表现欠佳。

第三种预测方法是利用碳排放量与相关影响因素间的关系公式来对碳排放量进行情景预测，有的研究还直接运用情景分析法对未来碳排放量进行预测。Liu等（2018）利用LEAP模型对中国2010—2050年交通运输业的碳排放进行了估算，结果显示，通过积极实施政策措施可以有效降低交通运输业的碳排放。朱长征等（2022）构建了拓展的STIRPAT模型，利用岭回归构建了中国交通运输业的碳排放预测模型，并基于情景分析法预测了强化低碳情景、一般低碳情景、基准情景、一般高碳情景及绝对高碳情景等五种情景下交通运输业碳达峰时间，得出其碳排放达峰时间分别为2030年、2032年、2035年、2040年和2043年。王可睿等（2023）构建了扩展的STIRPAT模型得出拟合方程，并预测陕西省物流业在不同情景下的碳排放趋势，结果显示，加速电气化情景最符合未来发展趋势，该情景于2035年达峰。李宁海等（2024）以2040年为目标年，设计未来交通结构和碳排放因子情景，得出结论：采取“公转铁”“公转水”等交通结构转型，以及公路运输清洁化等政策措施，我国交通运输业有望于2031—2034年实现碳达峰。

通过文献分析发现，当前大部分对情景预测分析的研究通常是针对固定变量的变化率，虽然这样设置可以在大范围内适用，但仍存在不足，因为忽略了变量的不确定性，当某些特殊情况发生时，模型将不再适用。为了克服固定变量的缺陷，我们结合蒙特卡洛模拟法（Monte Carlo，MC）进行情景预测分析。蒙特卡洛模拟法基于历史数据或专家判断对关键变量应用概率分布来量化不确定性，大大提高了模拟结果的准确性。Lin等（2014）基于Kaya恒等式，结合蒙特卡洛模拟法和情景分析法对中国交通运输业碳排放量进行预测，提出了降低交通运输业二氧化碳排放的政策建议，为后续研究奠定了基础。王世进等（2022）以2021—2030年中国交通运输业碳排放为研究对象，运用蒙特卡洛模拟法结合情景分析法，得出只有在低碳目标情景下才有可能实现2030年碳达峰目标的结论。张晔等（2023）结合蒙特卡洛模拟法，设定了既有政策情景和面向碳达峰两种情景，得出交通运输业碳排放有望在2033年和2031年实现达峰的结论。Zhang等（2023）结合使用了LMDI方法和蒙特卡罗模拟动态情景法对中国长三角地区交通运输业碳排放量进行预测，得出结论：抑制交通运输业碳排放增加，必须从需求侧和供给侧实施一系列规划政策，包括提高运输效率、优化能源结构等。

从上述国内外学者的研究中可以看出，结合蒙特卡洛模拟法和情景分析法对物流业碳排放的预测会更加合理，预测结果更贴近实际情况，因此，本书选用蒙特卡洛模拟法和情景分析法相结合的方法对物流业碳排放量进行预测。

1.2.5 文献述评

通过对现有的国内外文献的分类和梳理，我们发现目前物流业碳排放的研究领域大多侧重于某一方面。有的研究聚焦于物流业碳排放的核算和时空演变特征的分析；有的研究聚焦于物流业碳排放驱动因素分析；有的研究聚焦于物流业未来碳排放量的预测。包含对物流业碳排放的测算、时空演变特征分析、影响因素分析、达峰预测以及达峰路径的综合性研究则很少。此外，在研究区域方面，大多是选取全国、经济区或者单个省份作为研究对象，共建“一带一路”倡议自提出以来迄今十余年，针对“一带一路”沿线省域开展的研究较少，从而缺少“一带一路”沿线省域物流业碳排放的研究和分析。

当前，“一带一路”沿线省域物流业节能减排形势十分严峻，本书针对“一带一路”沿线省域物流业碳排放的研究将弥补现有研究的不足，同时此研究对我国实现碳达峰目标和建设绿色“一带一路”有着重要意义。因此，本书从“一带一路”建设背景出发，立足于物流业节能减排的需求，首先测算“一带一路”沿线省域物流业碳排放量，并分析物流业碳排放的时空演变特征，然后运用GDIM广义迪氏指数分解法对“一带一路”沿线省域物流业碳排放量进行因素分解，分析各影响因素的作用路径和作用效果，最后选出关键因素对物流业碳达峰进行预测，研究“一带一路”沿线省域物流业未来实现碳达峰的情景以及有效的碳达峰路径，为建设绿色“一带一路”提供理论依据。

1.3 研究方法

本书主要的研究方法有以下几种：

（1）文献分析法

本书通过对国内外文献资料的梳理，明确研究对象和研究思路，深入探究物流业碳排放相关问题的研究理论和方法，初步掌握国内外研究现状及发展趋势，借鉴吸收相关优秀成果，找出目前研究的不足，为本书的后续碳排放测算、时空分布特征、影响因素和碳达峰预测研究提供理论依据，提高论点的可靠性。

（2）空间计量分析法

本书在测算物流业碳排放量的基础上，从时间和空间两个角度分析碳排放的时空特征和演变过程，运用SLOPE倾向值对碳排放趋势进行分析，采用Moran's I对“一带一路”沿线省域物流业碳排放进行空间相关性检验，以揭示物流业碳排放存在的空间集聚效应和集聚类型。

（3）数据包络分析法

数据包络分析法是一种无须预设参数的分析技术，它能够同时纳入多个输入和输出指标，通过比较各实体投入与产出的比例关系，有效评价它们的综合效率水平。运用DEA对“一带一路”沿线省域物流业碳排放效率进行测算，可以更好地掌握该区域物流业的发展情况。

（4）GDIM广义迪氏指数分解法

影响因素分解是对二氧化碳排放量核算研究的深入，是调控二氧化碳排放量政策制定的基础。运用GDIM广义迪式指数分解法将“一带一路”沿线省域的物流业碳排放量影响因素分解为物流业增加值、产出碳强度、能源消费总量、能源消费碳强度、物流业固定资产投资、投资碳强度、人口规模、人均碳排放、投资效率和能源强度10个影响因素，从而找出影响物流业碳排放量的关键因素，以期为物流业可持续发展提供最佳路径，早日实现碳达峰目标。

（5）蒙特卡洛模拟法与情景分析法

蒙特卡洛模拟法是一种随机模拟方法，是以概率和统计理论方法为基础的一种数值计算方法。情景分析法是根据不同的情景设置参数的不同变化率，借助模型预测未来变化的方法。本书以“一带一路”沿线省域的物流业为研究对象，在分析物流业碳排放量的重要影响因素基础上，设置三种情景，各种情景下的参数的变化率不是单一固定地取值，而是结合蒙特卡洛模拟法，从而实现对2023—2035年“一带一路”沿线省域物流业碳达峰的预测。

第2章　相关概念及理论依据

2.1　相关概念界定

2.1.1　物流与物流业

物流的概念最早起源于20世纪30年代的美国，原意为“实物分配”或“货物配送”，1963年被引入日本，日文意思是“物的流通”。中国“物流”一词是从日文资料引进来的外来词，源于日文资料中对“Logistics”一词的翻译“物流”。物流概念被引入国内后，国内就有学者对物流展开探讨，如李京文和徐寿波（1987）将物流定义为“物质资料在生产过程的各个阶段之间流动和从生产场所到消费场所之间的全部运动过程”。2001年《物流术语》（GB/T18354-2001）正式颁布，该标准充分借鉴国内外物流研究成果，明确物流术语的定义和标准化要求，并结合中国物流的实践不断完善。本书参考最新修订的《物流术语》（GB/T18354-2021）的定义：物流是物品从供应地向接收地的实体流动过程中，根据实际需要，将运输、储存、装卸搬运、包装、流通加工、配送、信息处理等功能有机结合起来实现用户要求的过程。随着经济的发展和人们对物流认识的逐渐深入，物流的含义也在不断丰富和发展。

不同学者对物流业的概念界定提出了不同的看法。汪鸣等（2002）认为物流业是多个产业多种服务多个环境融合的复合型产业。孙峰华等（2008）探讨了物流业核心竞争力，认为物流业核心竞争力在于以物流企业为核心的产业集群，这些企业是专门从事运输、仓储、物流信息等物流服务的第三方。2014年国务院发布的《物流业发展中长期规划（2014—2020年）》明确指出，物流业是融合运输、仓储、货代、信息等产业的复合型服务业，是支撑国民经济发展的基础性、战略性产业。

基于上述几种界定，本书认为物流业是多种产业的结合体。

首先，物流业是一个复合型产业。它是由交通运输、储存、包装、装卸搬运、流通加工、配送以及信息处理等基本功能的产业化所构成的，因此涵盖了多个子产业。对这些子产业进一步细化与组合，我们可以将物流业划分为铁路运输、公路运输、水上运输、航空运输、管道运输、多式联运、运输代理、邮政以及装卸搬运和仓储等多个产业。

其次，物流业是服务型产业。其主要职责包括货物的运输、储存、包装和配送等一系列活动，这些活动并不直接产生实物产品，而是提供服务以满足客户在货物运输和供应链管理方面的需求。物流服务通常是根据客户的特定需求进行定制，企业需根据客户要求制订运输计划、仓储解决方案以及优化配送路径。这种高度的客户导向特性使得物流业更趋于服务型产业。此外，物流过程往往涉及产品的增值服务，如重新包装、贴标和质检等，从而帮助客户节约时间和成本，提升整体服务价值。物流还需根据市场需求、天气状况和交通情况等因素不断调整，这种动态应变能力也是服务型产业的重要特征之一。现代物流依赖于信息技术的支持，如实时跟踪、数据分析和自动化系统等，技术的运用使得物流服务更加高效、透明，提高了客户体验。与此同时，物流服务通常涉及多个利益相关者，包括供应商、承运商、分销商和客户等。成功的物流服务往往需要各方的紧密合作与协调，这一点进一步强调了其服务性质。

最后，物流业是战略性和先导性产业。作为经济活动的重要组成部分，其效率和发展水平直接影响商品流通和市场运作。一个高效的物流系统能够降低成本、提高效率，并推动各行业协同发展，是经济发展的重要动力。物流业作为产业链的重要环节，连接了生产和消费，在供应链管理中起着至关重要的作用。它不仅包括货物的运输、仓储和配送，还涵盖信息流通与资金流动。

物流业的现代化与信息技术、自动化和人工智能等新技术的广泛应用密切相关，这些技术的应用促进了物流效率的提升和服务的创新，使物流业成为技术创新的先导者。在全球化背景下，物流业的效率和服务质量直接影响一个国家或地区的国际竞争力。良好的物流基础设施和服务可以吸引外资、促进贸易、增强区域合作，从而提升国家的国际竞争力。

综上所述，物流业是由物流基本功能的产业化所形成的，利用物流基础设施实现物品转移的产业，是一个跨地区、跨行业、跨部门的复合型、服务型、战略性和先导性产业。

当前，学术界对物流业尚没有统一的定义，我国最新的国民经济行业划分也并未划出物流业，并且统计年鉴也未对物流业进行单独的核算。《中国第三产业统计年鉴》还明确将物流业划为第三产业，包括运输物流、仓储物流、贸易物流、流通加工与包装物流、邮政物流行业。其中，《中国第三产业统计年鉴（2022）》指出交通运输、仓储和邮政业对物流业的贡献率达80%以上。因此，鉴于物流业的定义和数据的可用性以及根据大多数学者的观点，本书中物流业即指国民经济行业分类中的交通运输、仓储和邮政业，物流业相关数据也采用交通运输、仓储和邮政业数据。

2.1.2 碳排放

碳排放是指人类在生产经营活动中向外界排放温室气体的过程，从而造成温室效应，使全球气温上升。林伟斌等（2021）提出，主要的温室气体有二氧化碳、甲烷、氧化亚氮、氢氟碳化物、全氟碳化物和六氟化硫等，而温室气体中CO_2的排放量占比最大，达到了80%左右的比例。2014年联合国政府间气候变化委员会（IPCC）第五次评估报告确认了气候变暖的现实情况，该报告基于新的科学观测、更精细的归因分析和气候系统模型的模拟结果，进一步证实了人类活动与全球气候变暖之间的因果关系。人类的活动，例如发电、交通运输及制造业，主要依赖化石燃料，燃烧这些燃料会释放大量的二氧化碳。以煤、石油和天然气等为主要能源的电力生产是碳排放的主要来源之一。此外，汽车、飞机和船只等交通工具的使用也显著增加了温室气体的排放。随着全球经济的增长，尤其是发展中国家的快速发展，碳排放量逐年上升，给环境保护和可持续发展带来了巨大挑战。

目前，全球的二氧化碳排放量已达到历史最高值，这是由于全球经济发展、能源消费和物流业运输活动等不断增加所带来温室气体排放量的持续上升。而CO_2等温室气体排放量的增加，会对全球环境产生巨大的影响，且对环境造成的破坏是不可逆的。因此，碳排放的问题已经成为全球关注的焦点，并已成为当今社会面临的重要环境问题之一，其影响深远且复杂，涉及气候变化、生态平衡、经济发展和社会公平等多个方面。可以通过提高能源使用效率、开发可再生能源（如太阳能、风能等）、采用低碳技术和促进节能减排等措施，减少二氧化碳的排放。各国政府、企业以及非政府组织正在积极探索和实施各种策略。例如，许多国家已签署《巴黎协定》，承诺在未来的几十年内减少温室气体的排放，以限制全球升温幅度。对于我国而言，化石能源消费产生了大量的二氧化碳，因此要减少对化石能源的依赖。本书所提及的碳排放均指的是二氧化碳排放，即物流业碳排放指的是物流业在各大物流活动中所产生的二氧化碳排放。

2.1.3 物流业碳排放

物流业碳排放是指在物流活动过程中，由于能源（如燃料、电力等）消耗和其他活动所产生的碳排放总量。物流业作为连接生产和消费的重要环节，涉及广泛的运输、仓储、装卸、配送等活动。在这些活动中，各种运输工具如货车、船舶、飞机等消耗大量燃料，如汽油、柴油、天然气等，从而产生二氧化碳等温室气体排放。此外，仓储和包装过程中使用的电力、塑料等资源也会产生碳排放。物流业的每个环节都伴随着能源的消耗和人工的投入，因此物流运作的每个环节都会有碳排放的产生。运输过程中的碳排放主要来自运输工具的动力燃料消耗，如货车、船舶、飞机等。仓储过程中的碳排放主要来自仓储设施的运行和维护，如冷藏冷冻设施、照明设备等。流通加工过程中的碳排放主要来自加工设备的运行和包装材料的使用。

为了准确计算物流业的碳排放量，通常依赖于物流业能源消耗数据。这些数据包括各种运输工具的燃油消耗量、电力消耗量以及其他能源消耗量。通过收集和整理这些数据，可以得到物流业的能源消耗总量。然后，将能源消耗数据与相应的能源排放因子相乘，从而计算出碳排放量。常用的方法是IPCC碳排放系数法。本书选取物流业的8种主要能源，包括原煤、汽油、煤油、柴油、燃料油、液化石油气、天然气和电力。

2.1.4 碳达峰

碳达峰是指一个国家或地区的碳排放量达到峰值后开始逐步减少的过程。具体来说，胡鞍钢（2021）认为碳达峰是指某一个时点，二氧化碳的排放不再增长达到峰值，之后逐步回落，其标志着碳排放量与经济发展实现脱钩。李永明等（2021）结合国际经验，提出碳达峰后仍需至少5年时间检测证明，碳排放至少持续5年处于下降态势，才能表明该地区已实现碳达峰。庄贵阳等（2022）认为碳达峰包括达峰路径、达峰时间和峰值水平三个关键要素，碳达峰实质上是二氧化碳排放与经济发展的关系问题，并受到规模效应、结构效应、技术效应和要素替代效应的复合影响。碳达峰已成为全球范围内的重要问题，其背后有着严峻的环境和经济压力。过高的碳排放量不仅会加剧全球气候变暖、海平面上升、生物多样性减少等问题，还会给社会经济带来一系列挑战，如能源安全、环境污染、资源紧缺等。为了实现全球碳中和的目标，各国政府和国际组织已经开始采取一系列措施，其中最重要的就是实施碳达峰行动计划。该计划旨在通过调整能源结构、促进清洁能源、加强能源效率等措施，实现全球碳排放量的峰值出现时间的提前，并在此基础上逐步减少碳排放。同时，还可以采取碳税、碳交易等市场机制，激励企业和个人减少碳排放。

碳达峰是一个复杂的过程，各国的碳达峰时间受到其经济规模、能源结构、技术水平等多个因素综合的影响。因此，需要各国加强合作，共同应对碳排放问题，为全球的可持续发展作出贡献。我国政府在2020年进一步提高《巴黎协定》中的国家自主贡献力度，实施更加有力的政策和措施，努力在2030年前达到碳排放峰值，并争取在2060年前实现碳中和。

2.2 相关理论

2.2.1 可持续发展理论

可持续发展理论的提出符合社会经济发展和时代变迁的需要。1972年，“可持续发展”这个概念在联合国人类环境会议上首次被使用。1987年，世界环境与发展委员会（World Commission on Environment and Development，WCED）发表了《我们共同的未来》，这份报告正式使用了可持续发展的概念，并对之作出了比较系统的阐述，产生了广泛的影响。在该报告中，可持续发展被定义为：“能满足当代人的需要，又不对后代人满足其需要的能力构成危害的发展。它包括两个重要概念：需要的概念，尤其是世界各国人民的基本需要，应将此放在特别优先的地位来考虑；限制的概念，技术状况和社会组织对环境满足眼前和将来需要的能力施加的限制。”1989年，联合国环境规划署发布《关于可持续发展的声明》更明确地说明，全球范围内，要统筹协调经济发展、环境、资源三个领域之间的矛盾，其中可持续发展属于最主要的途径，基本特征是经济、社会及生态环境等方面的可持续发展。一是在经济方面，通过不断推进科学技术的进步，提高经济活动的效率和质量，实现科学可持续的经济发展目标；二是在社会方面，尽管各国发展阶段和目标各异，但共同目标是通过经济发展来改善人民生活质量和健康状况，创造更美好的社会环境；三是生态环境方面，在保护生态环境、确保资源可持续利用的基础上，进行科学的经济和社会活动，持续发展和利用可再生资源及替代资源，以确保人类的发展控制在地球可承载的范围内（如图2-1所示）。

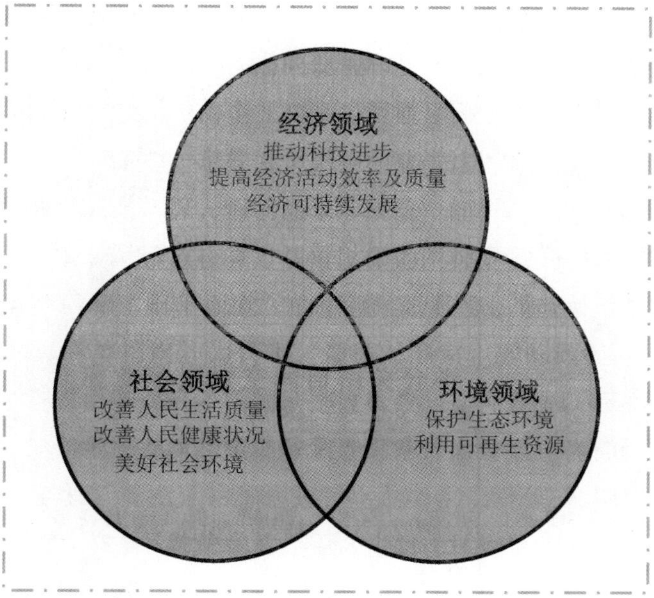

图2-1　可持续发展目标图

可持续发展的概念中包含了两个基本要素——发展（需要）和可持续（对需要的限制条件），最终目的是达到协调、公平、高效、多维、共同的发展。协调发展包括对国际、区域、地方及特定界别层面的协调，还包括对经济、社会、环境的协调。公平包括本代人之间的横向公平，以及世代之间的纵向公平。高效发展不仅包括经济增长方面的高效，也包括资源利用方面的高效。多维发展意味着不仅注重经济增长，还关注社会、环境、文化等多方面发展，实现全面、多元化发展目标。共同发展是指尽管世界各国历史、文化和发展水平有差异，可持续发展的具体目标、政策和实施步骤不可能一致，但是，可持续发展作为全球发展的总目标，却是共同的，并且实现这一总目标，必须采取全球共同的行动，追求整体利益最大化，促进共同繁荣。

真正做到可持续发展应坚守以下四个原则：

一是公平性原则。公平性原则包含三个层面：第一是本代人的公平即同代人之间的横向公平性，使得世界各地的人民有平等的发展机会；第二是代际的公平即世纪人之间的纵向公平性，即要求在满足当代人需求的同时，不损害后代人满足其需求的能力，人们需要向后代提供与本代人相同水平的经济繁荣和环境条件；第三是公平分配有限资源，这意味着在资源分配、环境保护和社会经济发展等方面，必须确保所有人都能公平地获得利益和发展机会，避免贫富差距扩大和资源分配不均。

二是持续性原则。持续性原则强调生态系统的持续生产力。在追求经济增长的同时要关注社会公平和环境保护。做好资源利用和环境保护，人们需要确保资源的合理开发、利用，以维持生态系统的自我恢复能力，避免牺牲环境和资源来换取短期的经济利益。也要求人们对再生资源的可持续利用和非再生资源的节约使用，以及加强对环境自净能力的维护，实现经济、社会和环境的协调发展，确保生态系统能够长期支持人类社会的发展。

三是共同性原则。共同性原则认为可持续发展是全球性议题，需要国际社会的共同努力和合作。这涉及在尊重各方利益的同时，保护全球环境与发展体系，通过国际协定和多边合作推动可持续发展目标的实现。各国应积极参与全球治理，分享技术和经验，共同应对气候变化、环境污染、生物多样性丧失等全球性挑战，以实现全人类的福祉和地球的可持续发展。

四是和谐性原则。在经济高速发展的今天，人的需要由所处的社会和文化环境决定，是主观因素和客观因素相互作用的结果。可持续发展战略所强调的是满足人的需求，从而实现人的全面发展。为了满足人的需求，就需要构建和谐的人际关系；如果人与人、人与自然之间能够保持一种互惠的共生关系，就能够保证人与自然的和谐共处，从而实现可持续发展。

中国政府在1992年发布了《中国21世纪人口、资源、环境与发展白皮书》，白皮书提出了一系列旨在促进社会经济、环境资源以及人口教育发展的措施、方案和战略，这也是我国首次把可持续发展战略纳入经济和社会发展的长远发展规划中。1997年党的十五大把可持续发展战略确定为我国“现代化建设中必须实施”的战略。2002年党的十六大把“可持续发展能力不断增强”作为全面建设小康社会的目标之一。党的十八大报告将生态文明建设纳入中国特色社会主义现代化建设“五位一体”总体布局，将绿色发展作为关系我国发展全局的一个重要理念。党的十九大强调加快生态文明体制改革，建设美丽中国，推进绿色发展，建立健全绿色低碳循环发展的经济体系。党的二十大报告提出，推动绿色发展，促进人与自然和谐共生。中国的可持续发展规划被融入了国民经济和社会发展中，确立了具有中国特色的可持续发展战略框架。

2.2.2 低碳经济理论

随着各国经济快速增长，全球气候问题日益凸显，引起了国际社会的广泛关注。为此世界各国政府正积极努力推动经济和环境的可持续发展。2003年英国政府发布的能源白皮书《我们能源的未来：创建低碳经济》中首次提出“低碳经济”的概念——低碳经济（low carbon economy）是通过更少的自然资源消耗和更少的环境污染，获得更多的经济产出。同时，英国政府制定了2050年的碳减排目标，即温室气体的排放量在1990年碳排放的基础上减少60%。为进一步强化碳减排任务的实施，英国政府在2008年正式通过《气候变化法案》（Climate Change Act，CCA）。中国政府在2008年也发布了《中国应对气候变化的政策和行动》（白皮书）。

以低能耗、低污染为基础的“低碳经济”已成为全球热点。现在，低碳经济的概念延伸为在可持续发展理念指导下，通过技术创新、制度创新、产业转型、新能源开发等多种手段，尽可能地减少煤炭、石油等高碳能源消耗，减少温室气体排放，达到经济社会发展与生态环境保护双赢的一种经济发展形态。发展低碳经济已成为国际社会的共识，但是关于低碳经济的概念，国内外学者的看法存在一定的分歧。国外学者认为低碳经济主要侧重于利用先进技术和创新手段，Dagoumas（2010）认为，低碳经济是一种新的经济形态，它强调减排技术的创新与发展，以实现碳的最低排放。在生产、运输、能源利用等方面降低碳排放，实现节能减排目标，即技术性低碳。这包括推广清洁能源技术、提高能源利用效率、采用低碳生产工艺等措施，以减少碳排放并促进经济可持续发展。国内学者则更关注产业结构和社会结构的调整，通过改变产业布局、优化资源配置、推动绿色消费等方式，实现碳排放减少和低碳发展，例如减少对碳排放密集型产业的依赖，从而实现经济增长与环境保护的协调发展。我国最早开展低碳经济研究的是中国社会科学院的潘家华（2010）和庄贵阳（2005）等学者，他们认为，低碳经济是关于能源的革命，主要依靠技术创新和政策措施来实施。低碳经济的实质是能源效率和清洁能源的问题，目标是通过碳排放量的减少以减缓气候变化。何建坤（2009）认为，低碳经济的本质是提高碳的生产力，即每单位碳当量的排放所产出的 GDP 的量。碳生产力是单位 GDP 产出的碳排放的倒数，可以用来衡量碳产出的经济效率水平，以实现低碳高增长的发展目标。在此基础上，潘家华等（2010）认为低碳经济是碳生产力和人文发展均达到一定水平后的一种经济形态和发展手段。

低碳经济、生态经济、绿色经济和循环经济的共同目标都是在自然环境不断恶化阻碍经济社会发展的背景下，运用生态学、经济学、系统工程、管理学等学科为理论基础，寻求能源结构改善和效率提高，减少资源消耗和环境污染，从而实现人与自然和谐可持续发展。它们遵循的基本规律是一致的，都受到生态规律、经济规律和社会规律的共同约束。它们追求的目标基本相同，都是寻求经济系统和自然生态系统的协调统一，达到可持续发展的目的。由于四个概念提出的时间、背景以及主客观条件有所不同，因此它们所采取的措施和实施路径有所差异。低碳经济是一种低碳化发展模式，以节能减排作为主要手段；生态经济强调人与自然的行为符合自然界的基本规律，以自然界生态平衡的发展方式，寻求人与自然的和谐发展；绿色经济是对环境与社会经济发展的整体认识，从技术、发展机制、文化价值观念等方面进行变革和创新，是包含低碳经济和循环经济的，并在此基础上有所扩展，体现多层次需求的发展；循环经济是一种低消耗的发展方式，以最小的资源消耗和环境代价促进经济社会的可持续发展。它们相互为彼此的发展提供基础，同时又起着相互促进的作用。

低碳经济系统是一个复杂的复合体系，学者们分别从宏观、中观和微观三个层面对其进行研究。在宏观层面，研究主要集中在经济、社会、生态和可持续发展的角度，侧重于理论探讨，强调低能耗、低污染的新型经济发展模式，以实现人与自然、经济与生态的和谐共生和绿色发展。中观层面的研究主要聚焦于产业集聚和产业链上下游关系，以行业为研究对象，关注交通、旅游、建筑、工业和农业等行业的低碳发展问题，并在国家、区域和地方层面进行具体分析。微观层面的研究则主要集中在低碳技术方面。低碳经济研究的核心主题是碳排放，涵盖碳排放效率、碳排放强度、碳金融和碳交易等问题，对这些问题的研究日益增多，为低碳经济发展提供了理论基础和对策建议。本书将从物流业的碳排放这一视角出发，进行相关研究。

随着低碳经济理论的发展，越来越多的国家向着低碳经济模式转型。中国对低碳经济发展也越来越重视。中国的能源消耗规模巨大，又提出“双碳”目标这个巨大的挑战。中国面临着比发达国家更艰难的“碳达峰”和“碳中和”目标。为了促进经济和环境的可持续发展，中国正逐渐向低碳经济发展模式转变。通过提升科技水平、升级产业结构、开发清洁新能源等途径降低温室气体排放，最终实现经济、能源和环境协同发展，实现“绿水青山就是金山银山”的目标。

2.2.3 低碳物流理论

低碳物流的提出是由于低碳经济的兴起，是低碳经济的一部分，低碳经济的整体发展能助推低碳物流的发展，反过来低碳物流的发展也能带来低碳经济的发展。随着低碳经济理论的发展，低碳物流理论也应运而生。尽管低碳物流一词已被广泛接受，但是对低碳物流内涵、理论体系等方面还未达成统一的标准。

低碳物流是现代物流在低碳经济理论基础上发展而来的，戢守峰等（2015）认为低碳物流将可持续发展、碳减排等理念运用于整个物流系统中，以低能耗、低污染、低排放、高性能、高效率、高效益为物流活动目标，采用可再生能源、碳捕集等先进低碳物流技术，对物流各环节进行优化，减少各环节的能源消耗，降低物流业碳排放，减轻物流业发展对环境的污染。

学者们在低碳经济理论的基础上提出低碳物流概念，Li等（2020）将低碳物流定义为以降低能源消耗和二氧化碳排放为目标，通过新技术或者新管理方法优化物流的过程。邱慧等（2022）认为低碳物流是将“可持续发展”和“碳减排”的理念融入运输、储存、包装、装卸搬运、流通加工、配送、信息处理等物流活动中，采用先进的物流技术和管理手段，以达到资源利用效率最高、对环境影响最小的目的。

低碳发展确保了物流企业在满足经济和社会发展需求的同时，将物流业对环境的影响降至最低。因此，低碳物流发展的内涵可以概括为三个方面：首先，低碳物流发展代表了一种新发展观。它为物流业提供了一种新的思路，要求以全新的视角审视物流业的发展问题，将发展理念从“注重发展，忽视环境保护”转变为“发展与环境保护并重”。这种转变旨在实现物流业经济发展与碳排放的脱钩，彻底解决物流经济发展与环境保护之间的矛盾。其次，低碳物流发展具有多目标性。其最终目标是实现物流业的可持续发展，要求在社会、经济及环境效应之间寻求协调。从系统观点来看，物流业发展的社会、经济和环境目标之间往往存在冲突，低碳物流发展需要在不损害社会和经济效应的前提下，最大限度地降低对环境的负面影响，找到这些目标之间的平衡点。最后，低碳物流发展应具备系统观。发展低碳物流是一项复杂的系统工程，涉及社会和经济的各个方面。低碳物流的发展不仅受物流系统内部因素的影响，还受到外部因素的干预，如经济发展、产业结构调整、对外开放政策以及政府干预等。这些外部因素同样会对物流业的低碳发展产生重要影响。

2.3 本章小结

本章首先对物流与物流业、碳排放、物流业碳排放和碳达峰进行概念的界定，明确这些概念的含义和研究对象；其次对可持续发展理论、低碳经济理论和低碳物流理论进行阐述，为后面章节的研究提供理论基础。

第3章 "一带一路"沿线省域物流业现状分析

3.1 "一带一路"发展历程

3.1.1 共建"一带一路"倡议的提出

"一带一路"是"丝绸之路经济带"和"21世纪海上丝绸之路"的简称。1877年，德国地质地理学家李希霍芬把"从公元前114年至公元127年间，中国与中亚、中国与印度间以丝绸贸易为媒介的这条西域交通道路"命名为"丝绸之路"。丝绸之路，作为一条起源于古代中国的贸易要道，横跨亚洲、非洲和欧洲，起初主要承担将中国丝绸、瓷器等特产输往世界各地的任务。随着历史的演进，它逐渐演变成连接东西方经济、政治及文化交流的关键纽带。丝绸之路分为陆上和海上两大路线。其中，海上丝绸之路自秦汉时期起便开始运营，主要从广州、泉州等沿海城市出发，航线延伸至南洋、阿拉伯海，乃至非洲东海岸。陆上丝绸之路则由西汉张骞出使西域时开辟，起点为长安（今西安），途经多个重要节点，以罗马为中转站，成为欧亚大陆间贸易往来和文化交流的关键通道，显著提升了古代中国在国际舞台上的地位和影响力。2013年9月，习近平主席访问哈萨克斯坦并发表演讲："为了使我们欧亚各国经济联系更加紧密、相互合作更加深入、发展空间更加广阔，我们可以用创新的合作模式，共同建设'丝绸之路经济带'。"随后，在访问印度尼西亚期间，习近平主席提出共同建设"21世纪海上丝绸之路"。至此，共建"一带一路"倡议正式提出。2015年3月，为推进实施"一带一路"倡议，中国政府制定并发布了《推动共建丝绸之路经济带和21世纪海上丝绸之路的愿景与行动》，让古丝绸之路焕发出新的生机与活力，以新的形式促进亚欧非各国之间的紧密联系，推动互利合作达到新的历史高度。

3.1.2 共建"一带一路"倡议的基本内涵

共建"一带一路"倡议是一个全球性的合作平台，它以开放包容的姿态，欢迎世界各国的参与。在全球化的大背景下，中国深刻认识到开放是推动国家进步和实现发展目标的关键。开放不仅意味着对外开放市场，更意味着通过开放来发现和抓住全球机遇，将这些机遇转化为国家发展的新动力。该倡议正是基于这样的理念，将中国的发展潜力与全球发展机遇相结合，同时也为全球经济增长注入新活力。共建"一带一路"倡议的核心之一是加强基础设施的互联互通，这包括交通、能源、通信等多个方面。基础设施的建设和完善，可以促进经济要素的自由流动，提高资源的分配效率，加速市场的深度融合。这样就有助于降低贸易和投资成本，促进共建国家的经济发展，提高区域经济的整体竞争力。此外，共建"一带一路"倡议还强调构建一个开放、包容、均衡且普惠的区域经济合作框架，这意味着在合作中，各国都能根据自己的国情和发展阶段，找到适合自己的合作方式和发展路径。这种多元化、开放和包容的合作，可以更好地解决经济增长与平衡的问题，实现区域内各国的共同发展。共建"一带一路"倡议的多元化特点体现在它涉及的合作领域广泛，包括但不限于基础设施建设、贸易投资、金融合作、人文交流等。这种多元化的合作不仅能够促进经济的发展，还能够加深各国人民之间的相互理解和友谊，为世界和平与发展作出贡献。这一倡议不仅有助于中国的对外开放和发展，也为全球经济增长和平衡发展提供了新的机遇和平台。

共建“一带一路”倡议，以务实合作为核心，秉承“和平合作、开放包容、互学互鉴、互利共赢”的精神，旨在通过深化政策沟通、设施联通、贸易畅通、资金融通和民心相通，推动共建国家实现共同繁荣。这一倡议的核心在于通过多维度的交流与合作，挖掘各国的发展潜力和相对优势，从而构建一个互惠互利的区域利益共同体、命运共同体和责任共同体。它不仅关注经济合作，还涵盖了文化交流、科技创新、教育合作等多个领域，旨在促进共建国家的全面发展。所有参与“一带一路”的国家都是平等的参与者、贡献者和受益者，这体现了倡议的平等性和和平性。这种平等包容的合作模式有助于减少国际合作中的阻力，提高合作效率，使得国际合作能够真正“落地生根”，并在全球范围内产生深远影响。共建“一带一路”倡议需要一个和平稳定的国际和地区环境，因为和平不仅是其本质属性，也是确保倡议顺利推进的关键因素。在全球化的背景下，和平与稳定是国际合作的基石，没有和平就没有发展，没有发展就没有合作。因此，共建“一带一路”倡议强调通过对话与合作解决争端，反对任何形式的霸权主义和强权政治。这些因素共同决定了“一带一路”不可能成为大国政治博弈的工具，也不会重蹈地缘政治的老路。相反，它是一个开放的平台，欢迎世界各国共同参与，旨在通过合作实现共同发展，推动构建人类命运共同体。通过这种方式，共建“一带一路”倡议为全球经济增长提供了新的动力，为解决全球性问题提供了新的方案，为世界和平与发展作出了积极贡献。

共建“一带一路”倡议是一种全新的国际合作模式，它强调的是共商共建共享的发展理念，而不是单方面的对外援助计划。这一倡议的核心在于通过平等协商、共同建设和成果共享，实现参与国家的共同发展和繁荣。在“一带一路”的建设过程中，中国与参与国家基于双边或多边联动的方式进行合作。这种合作不是单向的，而是双向的，甚至是多向的，旨在通过具体项目的推进，实现互利共赢。这些项目覆盖了基础设施建设、能源开发、贸易投资、科技合作等多个领域，旨在促进区域经济一体化和全球经济增长。共建“一带一路”倡议强调市场原则和企业主体地位，意味着在合作中，市场规律和企业自主决策被放在重要位置。企业是经济活动的主要参与者，它们在“一带一路”建设中扮演着核心角色。企业根据市场规律和自身发展战略，参与到项目中去，通过投资和运营，实现经济效益和社会效益的双重提升。政府在“一带一路”建设中发挥着服务性功能，主要体现在构建合作平台、创立合作机制、提供政策引导等方面。政府通过制定相关政策，为企业提供良好的营商环境，促进贸易和投资的便利化。同时，政府还通过多边或双边合作机制，协调各方利益，解决合作中出现的问题，为项目的顺利实施提供保障。共建“一带一路”的根本方法是遵循市场规律，实现各方利益诉求。这意味着在合作中，各方都要尊重市场规律，通过市场机制来配置资源，实现资源的最优配置。同时，各方也要充分考虑各自的利益诉求，通过平等协商，找到利益的平衡点，实现共同发展。

3.1.3 共建“一带一路”倡议下中国区域划分

2015年3月，国家发展改革委、外交部、商务部联合发布的《推动共建丝绸之路经济带和21世纪海上丝绸之路的愿景与行动》对“一带一路”沿线省域的范围进行了明确的划分，涉及18个省域。为建设绿色“一带一路”和早日实现碳达峰目标，本书以“一带一路”沿线省域为研究对象，由于西藏地区部分数据缺失，因此研究以下17个省域：新疆、陕西、甘肃、宁夏、青海、内蒙古、黑龙江、吉林、辽宁、广西、云南、上海、福建、广东、浙江、海南和重庆。可以将这些省域划分为四大区域：东北地区、东南地区、西北地区和西南地区，具体划分见表3-1。

表3-1 “一带一路”沿线省域划分

地区	包含的省域	数量
东北地区	黑龙江、吉林、辽宁	3
东南地区	上海、福建、广东、浙江、海南	5
西北地区	新疆、陕西、甘肃、宁夏、青海、内蒙古	6
西南地区	广西、云南、重庆	3

东北地区，作为中国东北方的一片沃土，它与俄罗斯、朝鲜、蒙古国三国接壤，地缘政治和经济战略意义显著。东北地区不仅陆地边界线长，而且隔海与日本、韩国相望，这种独特的地理位置使其成为连接欧洲陆海通道的关键枢纽。利用这一地理优势，东北地区积极与共建"一带一路"倡议深度融合，这一倡议旨在促进共建国家之间的经济合作和区域一体化。东北地区通过加强与周边国家在资源矿产等领域的合作，不仅能够促进自身的经济发展，还能够为"一带一路"合作伙伴提供稳定的资源供应，增强区域间的经济联系。东北地区还积极发展现代物流业，建设国际物流中心，以提高物流效率，降低运输成本，进一步增强其在"一带一路"建设中的地位。通过海陆空多式联运，东北地区能够将货物快速、高效地运输到欧洲和亚洲的各个角落，为共建"一带一路"国家提供便捷的物流服务。

此外，东北地区的丰富自然资源和矿产资源，使其在共建"一带一路"倡议中扮演着重要角色。这里的煤炭、石油、天然气等能源资源，以及铁矿、有色金属等矿产资源，都是推动区域经济发展的重要物质基础。通过与周边国家的合作开发，东北地区不仅能够实现资源的优化配置，还能够促进技术交流和产业升级，为区域经济的可持续发展提供动力。

东南地区在中国乃至全球的经济发展中扮演着举足轻重的角色，它是21世纪海上丝绸之路的重要组成部分，这条海上丝绸之路不仅连接着中国与东南亚、南亚、西亚、非洲乃至欧洲的国家和地区，也是推动区域经济一体化和全球化进程的关键纽带。

上海，作为中国最大的港口城市，其在海上丝绸之路中的地位无可替代。上海被定位为对外开放的窗口、区域合作的桥头堡以及经济发展的龙头。上海的港口设施先进，物流网络发达，是国际贸易和金融活动的重要枢纽。它的繁荣不仅推动了本地经济的快速发展，也为整个长三角地区的经济增长提供了强劲动力。浙江省则凭借其得天独厚的地理位置，成为海上丝绸之路上的重要交通枢纽。浙江的港口如宁波-舟山港等，是中国东部沿海的主要港口之一，在货物吞吐量和集装箱运输方面位居世界前列。浙江省的经济发展模式以民营经济为主，其灵活的市场经济体制和创新能力，使其在国际贸易中占据了重要位置。福建省作为海上丝绸之路的核心区域，拥有丰富的海洋资源和深厚的海洋文化。福建的泉州港历史上就是海上丝绸之路的起点之一，如今依然是重要的海上贸易中心。福建省在推动海洋经济、文化旅游以及对外文化交流方面发挥着重要作用，是连接中国与东南亚国家的重要桥梁。广东省作为海上丝绸之路的重要节点，其经济实力和对外开放程度在全国乃至全球都具有显著影响力。广东的广州、深圳等城市不仅是中国重要的经济中心城市，也是科技创新和高端制造业的聚集地。广东省的积极参与和推动，使得海上丝绸之路的贸易和投资活动更加活跃。海南省则以其独特的地理位置和政策优势，成为海上丝绸之路上的商贸枢纽和战略支点。海南自由贸易港的建设，为国际贸易提供了更多的便利和优惠条件，吸引了大量的国内外投资。海南省的旅游业、现代服务业和高新技术产业的发展，为海上丝绸之路的多元化合作提供了新的动力。

西北地区，这片广袤的土地，在中国乃至全球的地缘政治和经济版图中占据着举足轻重的地位。《中国对外贸易》（2014）指出，它不仅是连接中亚、南亚和西亚的重要通道，更是商贸物流的枢纽，以及各行业与人文交流的重要基地。这一地区的战略价值，随着全球经济一体化和区域合作的不断深化，愈发显得重要。

新疆在共建“一带一路”倡议下，被赋予了新的历史使命，成为丝绸之路经济带的核心区。这里不仅是中国向西开放的前沿，也是中国与中亚、欧洲等地区经济文化交流的重要桥梁。新疆丰富的自然资源和独特的地理位置，使其在区域合作中扮演着不可替代的角色。陕西西安，作为古丝绸之路的起点，成为连接中国与世界的新纽带。陕西省的科技、教育和工业实力，为区域合作提供了坚实的支撑。青海省的矿产资源丰富，生态地位重要，是连接中国内陆与南亚、西亚的重要通道。随着基础设施的不断完善，青海在区域物流和能源合作中的作用日益凸显。宁夏作为中国唯一的回族自治区，以其独特的民族特色和文化魅力，成为中阿合作的中心。鲍洪杰等（2014）认为，宁夏在推动中国与阿拉伯国家之间的经贸合作、文化交流方面发挥着重要作用，是共建“一带一路”倡议中不可忽视的力量。甘肃，自古以来就是丝绸之路的重要通道。如今，甘肃省以其丰富的文化资源和战略位置，成为欧亚大陆桥的战略通道。甘肃省在促进中国与欧洲、中亚等地区的经济文化交流中扮演着桥梁和纽带的角色。内蒙古是中国向北开放的主要窗口，它与俄罗斯、蒙古国等国接壤，是中国对外贸易和文化交流的重要通道。内蒙古的农牧业、能源和矿产资源，为区域合作提供了丰富的物质基础。

西南地区，尤其是重庆，在中国乃至全球的经济版图中扮演着举足轻重的角色。西南地区不仅是丝绸之路经济带的关键节点，更是连接陆上丝绸之路与海上丝绸之路的桥梁。这一战略位置使得西南地区在促进区域经济一体化和全球贸易中发挥着不可替代的作用。

云南省是西南地区的开放窗口，《中国对外贸易》(2014) 指出，云南省丰富的自然资源和多样的民族文化，使其成为区域合作的中心枢纽，并且其部分城市成为连接东南亚、南亚乃至中东地区的重要商贸中心，推动着区域经济的繁荣发展。广西壮族自治区面向东南亚国家联盟(ASEAN)，成为中国对外开放的重要战略支点之一。广西的北部湾地区，靠近南海和东盟国家，成为推动中国与东盟国家经济合作的前沿阵地。广西的港口和物流网络，为区域贸易提供了便捷的通道，促进了中国与东盟之间的商品流通和文化交流。重庆市作为西南地区的门户城市，既是丝绸之路经济带的起点，也是重要的物流和交通枢纽。重庆的地理位置使其成为连接中国西部与东部沿海地区的关键节点，同时也是连接中国与欧洲、中亚乃至更远地区的桥梁。重庆的交通网络发达，包括铁路、公路、航空和内河航运，为区域经济发展提供了强有力的支撑。此外，重庆还是重要的制造业基地，其汽车、电子和化工等产业的发展，为区域经济的多元化和现代化作出了重要贡献。

3.2 共建"一带一路"倡议与物流业

3.2.1 "一带一路"沿线省域物流业发展现状

自2013年共建"一带一路"倡议提出以来，该倡议已成为促进全球经济增长和区域合作的关键平台。物流业作为“一带一路”建设的重要组成部分，经历了快速的发展。

基础设施建设显著加速。截至2022年，西部陆海新通道的海铁联运班列已累计开行20 000余列；中老铁路在运营的头10个月内运输了851万吨货物；中欧班列长安号2022年的开行列数已突破3 000列。这些国际通道的畅通大幅提升了国际物流效率，成为推动中外贸易往来的经济动脉，其成果广泛惠及共建国家和地区。

在重要城市和地区，如中国的重庆、成都等地，一系列物流枢纽相继建立，这些枢纽成为连接国内外市场的重要节点。随着基础设施的完善，合作伙伴之间的贸易活动愈发频繁，商品流通量不断增加，从而推动了物流需求的快速增长。电子商务的快速发展促进了跨境贸易的增长，物流企业在提供国际配送服务方面发挥了重要作用。中国物流企业积极拓展海外市场，通过并购、合资等方式进入共建国家市场，并且为了更好地适应当地市场，许多物流企业开始提供本地化的仓储、配送等服务，以满足不同客户的需求。

物流业利用物联网、大数据、云计算等技术提升物流效率，实现货物追踪、库存管理等功能。通过推广使用清洁能源车辆、优化运输路线等，减少碳排放，响应“一带一路”绿色发展的要求。对内，将建设“四横五纵”9条国内物流大通道，提升相关城市群、口岸城市物流综合服务能力和规模化运行效率。对外，将建设“两沿十廊”国际物流大通道，强化服务共建“一带一路”的多元化国际物流通道辐射能力。物流基础设施建设力度不断加大，共建国家的互联互通效应日益凸显，中欧班列蓬勃发展、陆海新通道建设加速推进、中老铁路开通运营等，均为“一带一路”贸易畅通提供了助力。通过这些措施，物流业在“一带一路”沿线省域的发展不仅促进了区域经济的繁荣，也为全球供应链的优化和国际贸易的增长作出了重要贡献。

3.2.2 “一带一路”沿线省域物流业碳排放

随着全球气候变化问题日益严峻，减少温室气体排放已经成为全球共识。面对这一挑战，各国都在寻求减少碳足迹的有效途径。“一带一路”作为连接东西方经济交流的关键纽带，随着共建“一带一路”倡议的深入推进，共建国家之间的贸易往来日益频繁，商品流通量不断增加。在这一过程中，商品的包装、搬运、运输和储存等环节不可避免地会产生大量的温室气体排放。这些排放不仅对环境造成了影响，也对实现全球减排目标构成了挑战。2017年，我国政府提出“在‘一带一路’建设中突出生态文明理念，推动绿色发展，加强生态环境保护，共同建设绿色丝绸之路”，旨在通过绿色发展的理念，促进经济社会发展与生态环境保护相协调，共享绿色发展成果。2018年，中国金融学会绿色金融专业委员会和伦敦金融城绿色金融倡议（现称中英绿色金融中心）联合发布《“一带一路”绿色投资原则》，旨在推动“一带一路”绿色投资，构建绿色发展国际联盟。

因此，本书选择“一带一路”沿线省域作为研究对象，研究该区域物流业碳排放时空分布情况以及对碳达峰进行预测，积极响应全球气候变化的挑战，推进共建“一带一路”绿色、高质量发展，早日实现可持续发展。同时，为“一带一路”沿线省域提供减排政策建议，促进绿色物流发展，实现环境保护与经济发展的双赢。

3.3 本章小结

本章对共建“一带一路”倡议的发展历程进行了总结，并概述了沿线省域物流业的发展现状。在此基础上，本书提出以“一带一路”沿线省域为研究对象，对其进行碳排放测度和时空分布研究，以及碳达峰预测。

第4章 “一带一路”沿线省域物流业碳排放测算

物流业是我国碳排放的主要来源之一，研究物流业碳排放量对于我国实现低碳发展具有重要的指导意义。本章对比多种碳排放的计算方法后，选择运用IPCC推荐的碳排放系数法，对2006—2022年“一带一路”沿线省域物流业的碳排放量进行测算。通过测算不仅得到了各省域物流业碳排放的变化趋势和特点，还为后续研究“一带一路”沿线省域物流业碳排放的时空演变特征提供了坚实的基础。

4.1 物流业碳排放测算及数据来源

4.1.1 物流业碳排放测算方法介绍

碳排放根据排放来源可以划分为三种类型：直接排放、能源间接排放和其他间接排放。直接排放指的是由于煤炭、天然气和石油等化石燃料的燃烧活动以及工业生产过程所产生的温室气体排放。这些排放通常来源于企业自身的生产活动，如工厂内部的锅炉燃烧、机械设备运转等。能源间接排放则是指因使用和消耗外部购买的电力、热力和蒸汽而产生的隐含排放。这类排放虽然不是在企业内部直接产生的，但与企业的生产活动密切相关。其他间接排放是指生产活动的上游和下游环节产生的相关排放。这类排放涉及整个供应链中的各个环节，包括原材料的开采、加工、运输以及最终产品的使用和废弃处理等过程中产生的碳排放。间接排放虽然不直接由企业控制，但通过供应链管理和绿色采购等措施，企业仍然可以在一定程度上影响和减少这些排放。

关于碳排放量的计算，目前尚未形成统一的标准。根据碳排放测算的方向，国际上的碳排放核算方法可以分为两种主要类型："自上而下"的宏观层面核算和"自下而上"的微观层面核算。前者以IPCC《国家温室气体排放清单指南》为代表，通过对国家主要的碳排放源进行分类，不同的碳排放源对应不同的碳排放系数。这种方法以能源消耗总量为基础，通过与能源对应的碳排放系数相乘得出最终的碳排放量。本质上，IPCC（2019）提出了一种通过自上而下层层分解来进行核算的方法，也被称为碳排放系数法，其计算方法如式（4.1）所示。

$$C = \sum_{i=1}^{n} E_i \times k_i \tag{4.1}$$

式中：

i——能源的种类；

C——碳排放总量；

E_i——第i类能源的消耗量；

k_i——第i类能源对应的二氧化碳排放系数。

谢守红等（2016）运用"自上而下"的方法，对中国交通运输业的碳排放水平进行了测算，通过实证研究分析了交通运输业增加值与碳排放量之间的关系，并探讨了其中的影响因素。Quan等（2020）采用"自上而下"法计算了2000—2016年中国物流业碳排放总量。Wang等（2012）利用"自上而下"的方法对中国道路货运的碳排放量进行了测算。

第二种方法是"自下而上"法，也被称为碳足迹法，即通过计算交通工具总量、平均行驶里程和单位里程的燃料消耗量三者的乘积来得出能源消耗总量，再将该总量与对应的碳排放系数相乘，从而得出最终的碳排放量，其计算方法如式（4.2）所示。

$$C = \sum_{i=1}^{n} (N_i \times M_i \times O_i \times F_i \times L_i) \times K \tag{4.2}$$

式中：

i——交通工具的种类；

C——碳排放总量；

N_i——第i种交通工具的车辆数；

M_i——第i种交通工具的年行驶里程；

O_i——第i种交通工具每千米耗油量；

F_i——第i种交通工具的燃油密度；

L_i——第i种交通工具所用燃料净发热值；

K——碳排放因子。

张晔等（2023）采用“自下而上”法，对2013—2019年中国综合交通运输系统的碳排放量进行了计算。宁晓菊等（2014）对郑州市居民的交通出行进行了详细的微观调查，并结合相关统计数据，运用“自下而上”的方法计算了郑州市2001—2011年的交通碳排放量，并发现居民交通碳排放的结构发生了较大变化。同样采用“自下而上”的方法，王慧慧等（2018）测算了北京市2005—2014年的交通碳排放水平。这种方法有效解决了城市层面分行业能源消耗数据不足的问题，能够较为准确地反映城市的碳排放情况。然而，该方法也存在一些局限性，例如平均行驶里程和油耗水平等相关系数难以确定，以及部分交通工具统计数据缺失等问题。

不同碳排放量计算方式对比见表4-1。

从碳排放测算的具体方法来看，碳排放测算大致可分为系统测算法和非系统测算法两类。其中，系统测算法主要包括生命周期法、投入产出法等；非系统测算法主要包括实测法、物料平衡法等。

生命周期法是一种用于评估产品或服务在其整个生命周期中产生的温室气体排放量的方法。该方法通过跟踪和量化从原材料获取、生产、运输、使用到最终废弃处理各个阶段的能源消耗和排放源，来计算总的

表4-1　　不同碳排放量计算方式对比

测算方法	特点	优点	缺点
自上而下法	以能源消耗量为基础对交通碳排放量进行计算	数据较准确，易于获得，计算简单	不能体现货运、客运及各种交通方式的碳排放量
自下而上法	对能源消费者进行数据统计	能够对客货运及不同交通方式的碳排放量分别计算	需要统计和收集的数据较多，且部分数据的收集和处理存在一定的困难和误差

碳足迹。李晓榕（2024）运用生命周期法估算了甘南黄河水源补给区县域尺度的畜牧业碳足迹，并揭示了其时空变化和结构特征。程小春（2023）利用生命周期法结合实际工程，对现浇式建筑与装配式建筑上部结构的碳排放量进行对比分析。然而，我国目前尚未针对特定行业或设备建立碳排放标准系数，这可能导致测算误差的增加以及测算过程的复杂化。姜志威等（2012）利用生命周期法计算城市高架桥建造过程中的碳排放时发现测算结果具有一定的误差。最为全面的生命周期法碳排放量测算标准是由英国标准协会（BSI）颁布的PAS2050规范法。其涵盖了直接能源消耗与间接能源消耗所产生的碳排放量的评估。与其他方法不同的是，PAS2050规范法在计算前要求绘制详细的流程图，以检查边界并确定优先顺序，再进行数据的收集工作。付延冰（2013）等基于生命周期评价理论，首先对高速铁路生命周期二氧化碳排放计算的边界进行界定，将高速铁路的生命周期划分为3个阶段，之后根据对各阶段二氧化碳排放清单的分析，分别给出各个阶段二氧化碳排放的计算式并进行了计算。

利用投入产出法计算碳排放量时首先创建投入产出表，以映射经济体系中各部门间的相互联系。通过应用里昂惕夫逆矩阵的转换，我们能够揭示产品投入与产出之间的精确对应关系。结合各部门的平均温室气体排放强度数据，可以计算出各部门在为终端用户提供产品或服务的过程中，在整个生产链上所产生的温室气体排放总量。孟祺（2010）利用投入产出法对我国外贸出口商品的隐含碳进行了测算。付京燕（2011）

等利用投入产出法比较计算了1996—2004年我国16个制造业对外贸易隐含CO_2的排放情况。然而，利用投入产出法计算结果的准确性高度依赖于数据的质量及完整性，在计算过程中，小的误差可能会被放大，并且对长期趋势的预测可能存在局限性。

实测法是通过实验室直接测量温室气体的排放量，需要建立专门的实验室，对排放源进行实时监测，能够直接、准确地测量碳排放量，该方法适用于对特定排放源进行精细化管理，一般用于需要对某一特定排放源进行详细且准确的碳排放量测量或是污染物排放相对稳定、连续的排放口。实测法虽然能够提供高精度的碳排放量数据，但其实施成本较高，且需要专业的技术支持和设备维护。

物料平衡法是一种基于质量守恒定律，通过记录和核算各种物料的消耗与产出情况来计算碳排放量的方法，该方法用输入物料中的含碳量减去输出物料中的含碳量后计算得到二氧化碳排放量。杜祥忠等（2024）采用碳排放因子法与物料平衡法对油田联合站的碳排放特性进行了计算分析。物料平衡法是一种系统且全面的方法，它对物质的产生与排放进行了深入研究，展现出高度的科学性和实施有效性。然而，该方法的应用伴随着较大的工作量，要求收集详尽的工业生产过程数据，并且需要对生产工艺、化学反应、副反应以及管理等各个方面有全面的了解。因此，物料平衡法更适用于那些数据基础较为完善的行业，例如将化石能源既作为燃料又作为生产原料的化工和钢铁行业。

4.1.2 数据来源

目前在《国民经济行业分类》（GB/T 4754-2017）中，物流业尚未作为独立的行业类别，根据《中国第三产业统计年鉴》可以得知交通运输、仓储和邮政业对物流业的贡献率达80%以上，能够较好地反映物流行业的发展情况。因此，本书选用交通运输、仓储和邮政业的相关数据代表物流业，下文“物流业”的相关指标均来自“交通运输、仓储和邮政业”。本书所选取的物流业能源消耗数据来源于《中国能源统计年鉴》中各省（自治区、直辖市）的交通运输、仓储和邮政业的能源平衡表（实物量）。

4.2 物流业碳排放测算

根据4.1节的分析，"自上而下"法即IPCC碳排放系数法是联合国政府间气候变化专门委员会发布的，具有较高的权威性，计算过程比较简单且数据获取难度小，被普遍应用于各种宏观的碳排放测算中。因此，本书运用IPCC碳排放系数法来测算"一带一路"沿线省域物流业碳排放量，计算公式如下所示：

$$C = \sum_{i=1}^{8} E_i \times k_i \tag{4.3}$$

式中：

i——能源的种类，包括原煤、汽油、煤油、柴油、燃料油、液化石油气、天然气和电力8种主要能源；

C——物流业碳排放总量；

E_i——第i类能源的消耗量；

k_i——第i类能源对应的二氧化碳排放系数。

（1）碳排放系数

碳排放系数是指每一种能源燃烧或使用过程中单位能源所产生的碳排放的数量。一般在使用过程中，根据IPCC的假定，可以认为某种能源的碳排放系数是不变的。根据《2006年IPCC国家温室气体清单指南》，碳排放系数由各类能源的平均低位发热量、单位热值含碳量和碳氧化率综合计算所得，计算公式如下：

$$k_i = A_i \times B_i \times C_i \times \frac{44}{12} \tag{4.4}$$

式中：

k_i——综合碳排放系数；

A_i——平均低位发热量；

B_i——单位热值含碳量；

C_i——碳氧化率（%）。

原煤、汽油、煤油、柴油、燃料油、液化石油气、天然气碳排放系数见表4-2。

表4-2 **碳排放系数计算数据**

能源类型	平均低位发热量（kJ/kg、kJ/m³）	单位热值含碳量（tC/TJ）	碳氧化率（%）	碳排放系数（$kgCO_2/kg$）
原煤	20 908	26.37	0.94	1.9003
汽油	43 070	18.9	0.98	2.9251
煤油	43 070	19.5	0.98	3.0179
柴油	42 652	20.2	0.98	3.0959
燃料油	41 816	21.1	0.98	3.1705
液化石油气	50 179	17.2	0.98	3.1013
天然气	38 931	15.3	0.99	2.1622（$kgCO_2/m^3$）

注：以上基础数据来源于《省级温室气体清单编制指南》（发改办气候〔2011〕1041号）和《综合能耗计算通则》（GB/T 2589-2020）。

电力碳排放系数采用生态环境部（2022）发布的2021年电网排放因子0.5810tCO_2/MWh。

计算结果见表4-3。

表4-3 **碳排放测算结果** 单位：万吨

年份	内蒙古	辽宁	吉林	黑龙江	上海	浙江	福建	广东	广西
2006	1 539.92	2 617.60	772.37	1 161.94	3 396.14	1 926.67	881.42	4 097.11	1 226.09
2007	1 758.55	2 915.03	949.04	1 212.06	3 848.32	2 092.66	1 021.73	4 519.99	1 341.60
2008	2 019.22	3 129.51	1 091.77	1 048.23	3 978.11	2 163.25	1 345.06	4 865.60	1 278.62
2009	2 348.37	3 238.29	1 063.12	1 236.49	4 022.32	2 216.56	1 470.57	5 119.24	1 569.42
2010	2 681.85	3 227.89	1 112.80	1 159.57	4 274.69	2 416.63	1 686.58	5 623.28	1 615.88
2011	2 959.35	3 503.03	1 139.68	1 964.94	4 165.12	2 635.89	1 808.20	5 955.61	1 731.74
2012	3 433.82	3 708.62	1 177.03	2 034.15	4 236.58	2 764.30	1 868.15	6 241.22	1 868.42
2013	2 522.54	3 493.65	1 259.74	2 285.94	4 241.03	2 919.94	1 901.07	5 904.25	1 483.42
2014	2 541.73	3 776.70	1 386.78	2 450.06	4 231.43	2 993.21	2 056.01	6 184.67	1 855.20
2015	2 605.74	3 944.62	1 458.83	2 534.94	4 430.25	3 197.36	2 165.92	6 463.51	1 941.44
2016	1 764.35	4 068.93	1 421.79	2 492.76	4 921.60	3 256.72	2 315.72	6 812.08	2 007.66

续表

年份	内蒙古	辽宁	吉林	黑龙江	上海	浙江	福建	广东	广西
2017	1 828.88	4 171.98	1 397.04	2 399.26	5 381.05	3 400.98	2 466.67	7 428.42	2 209.15
2018	1 855.26	4 147.37	1 253.00	2 174.12	5 296.38	3 365.96	2 638.48	7 647.96	2 292.98
2019	1 911.66	4 149.46	1 269.87	2 249.41	5 504.88	3 214.19	2 853.00	7 873.46	2 235.53
2020	1 801.50	3 739.97	1 238.99	2 016.59	4 631.96	3 341.32	2 614.33	7 028.05	1 929.62
2021	1 990.62	3 962.48	1 307.34	1 942.60	4 857.58	3 545.34	2 788.13	6 863.21	2 100.29
2022	1 975.62	3 601.63	936.84	1 977.40	4 072.87	3 480.16	2 657.38	5 684.16	2 106.03
年份	海南	重庆	云南	陕西	甘肃	青海	宁夏	新疆	
2006	346.70	760.42	1 285.13	1 071.35	616.54	146.91	283.02	959.09	
2007	377.15	921.23	1 388.78	1 332.74	649.54	183.23	299.53	1 006.79	
2008	639.63	1 048.94	1 429.16	1 650.03	701.39	190.71	296.57	1 004.98	
2009	673.53	995.25	1 466.91	1 978.17	743.60	217.98	306.47	971.4	
2010	620.59	1 204.38	1 825.54	2 057.70	818.72	243.99	335.96	1 039.84	
2011	660.30	1 306.01	1 959.62	2 184.76	855.25	267.97	350.05	1 139.71	
2012	672.70	1 534.51	2 094.09	2 243.51	942.45	283.72	374.38	1 301.69	
2013	618.61	1 698.92	1 987.17	1 759.08	1 245.28	294.82	410.13	1 597.44	
2014	585.20	1 603.76	2 256.92	1 847.70	1 267.55	313.97	430.62	1 706.52	
2015	612.51	1 897.74	2 192.59	1 815.55	1 213.64	342.20	444.36	2 039.27	
2016	595.40	2 021.32	2 308.29	1 657.64	1 196.56	390.25	446.22	2 126.96	
2017	635.43	2 146.79	2 359.80	1 684.52	1 234.01	440.91	443.03	2 275.94	
2018	617.86	1 957.26	2 674.12	1 862.53	1 210.23	489.96	398.09	2 334.2	
2019	633.47	2 034.35	2 921.97	1 860.61	1 236.10	502.50	435.14	2 326.07	
2020	639.78	1 894.39	2 836.86	1 654.28	1 237.20	484.78	433.71	1 907.29	
2021	686.08	1 921.10	2 891.67	1 736.62	1 256.11	546.91	434.08	2 069.55	
2022	617.17	1 632.51	2 739.48	1 620.98	1 340.79	574.22	434.62	2 085.14	

由表4-3和图4-1可知，大部分“一带一路”沿线省份的物流业碳排放量在2006年至2018年间呈现上升趋势，之后有所下降或趋于平稳。

具体来看，广东的碳排放量在整个时间段内都非常高，尤其是在2018年左右达到峰值，接近8 000万吨。青海、宁夏和甘肃的碳排放量较小，大部分年份都未超过500万吨。内蒙古的碳排放量波动较大。综合来看，上海、浙江、福建、广东等沿海发达省份的碳排放量在中等水平，且在2010年左右有明显的上升趋势。辽宁和吉林的碳排放量也相对较高，但增长趋势较为平稳。广西、海南、重庆、云南的碳排放量相对较低，但也呈现出缓慢增长的趋势。重庆的增长较为明显，可能与重庆的工业化进程有关。陕西、甘肃、青海、宁夏、新疆的碳排放量较低，增长趋势较为平缓。

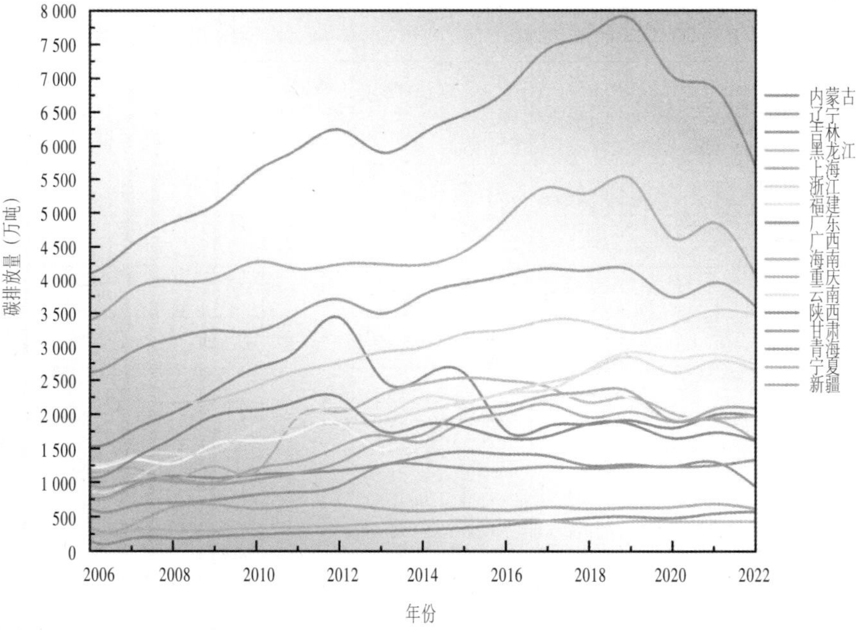

图4-1 “一带一路”沿线省域物流业碳排放量

4.3 本章小结

本章首先对计算碳排放量的方法进行了介绍，综合选出最适合的方法并结合物流业构建模型计算出“一带一路”沿线省域物流业碳排放量，为分析“一带一路”物流业碳排放的时空演变打下基础。

第5章　“一带一路”沿线省域物流业碳排放时空演变分析

为了系统了解“一带一路”沿线省域物流业碳排放的发展，本章利用前一章所得的碳排放量进行物流业碳排放的时空演变特征分析，从而掌握“一带一路”沿线省域物流业碳排放特征。深入理解各省域在物流活动中产生的碳排放强度及其变化趋势，可以为后续影响因素的研究提供依据，也能够为后续“一带一路”沿线省域物流业碳排放达峰情景的设置奠定基础。

5.1　物流业碳排放的时间演变特征

5.1.1　物流业碳排放量时序特征分析

（1）物流业碳排放时间变化

利用公式（4.1）对2006—2022年我国“一带一路”沿线四个区域物流业的碳排放量进行计算，结果如图5-1所示。“一带一路”沿线省域物流业的碳排放量在2013年出现了短暂的下降，而后又呈现继续上升趋势，到2020年出现急剧下降。从西北、西南、东北和东南四大区域来看，西南、东北和东南地区的发展趋势和整体趋势一致，先上升后短暂下降后又继续上升然后又下降。根据“一带一路”沿线省域物流业碳排放的变化趋势，将其分为三个阶段进行讨论：

①第一阶段（2006—2012年）

“一带一路”沿线省域物流业的碳排放总量持续增加。2012年物流业的碳排放总量达到36 779.34万吨，相比2006年的23 088.41万吨增长了0.6倍，年均增长率为8.47%。这一时期，我国加入世界贸易组织（WTO）后不久，步入国民经济的新发展时期，其中物流业迅速发展，因此相应地提高了碳排放量。2008—2009年物流业碳排放增长速度较为缓慢，可能是因为受到了世界性经济危机的影响，我国的经济也受到了冲击，从而影响了物流业的发展。

②第二阶段（2013—2019年）

在2013年短暂下降后，此阶段的物流业碳排放总量增速较为平缓，年均增长率为3.04%，这可能是因为“十二五”和“十三五”期间，国家出台政策推动物流业绿色转型，从而在一定程度上降低了物流业的碳排放。2013年物流业的碳排放量为35 623.03万吨，较2012年下降了3.14%，主要原因是党的十八大召开之后，我国加大了对生态环境方面的管理，并提升减排技术，因此2013年物流业的碳排放有所下降。

③第三阶段（2020—2022年）

2020年“一带一路”沿线省域物流业的碳排放量为39 430.63万吨，较2019年下降了8.75%。这可能是由于新冠疫情的暴发和蔓延，给我国的生产和居民的生活带来了极大的挑战。疫情期间，许多行业都受到了不同程度的影响，物流业也不例外。为了控制疫情的传播，各地实施了严格的防控措施，包括限制人员流动、关闭部分交通枢纽等，这些措施导致物流运输受阻，从而使得该时期物流业碳排放急剧减少。随着疫情逐渐得到控制，政府开始采取措施推动经济复苏和物流业的发展。其中，国家发改委等部委发布了《关于推动物流高质量发展促进形成强大国内市场的意见》（2019），促进物流业的低碳绿色发展。该文件提出了一系列政策措施，包括加强基础设施建设、优化运输结构、推广清洁能源车辆、提高物流效率等，以减少碳排放并推动物流业的可持续发展。此外，政府还加大了对物流企业的扶持力度，通过财政补贴、税收优惠等方式鼓励企业采用环保技术和设备，降低碳排放。同时，政府还加强了对物流行业的监管，确保企业在发展过程中遵守环保法规和标准。

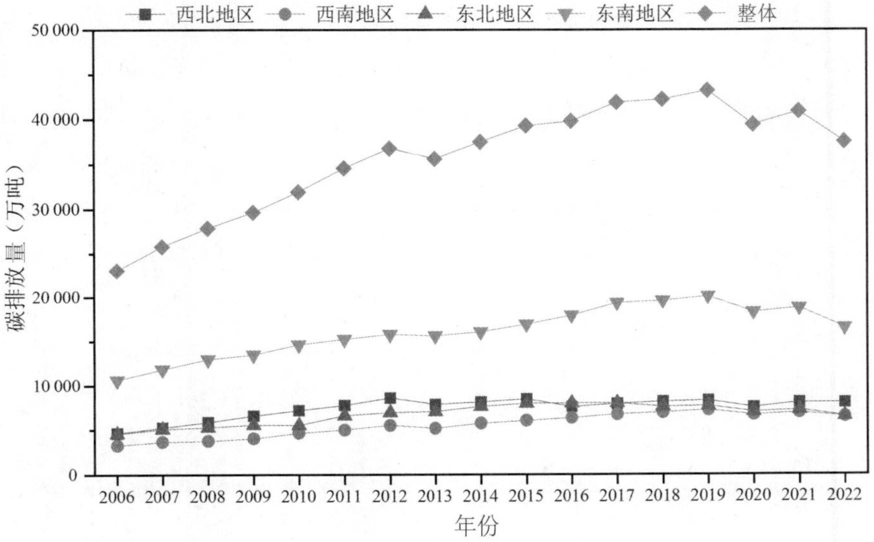

图5-1　2006—2022年"一带一路"沿线四个区域及整体物流业碳排放总量变化趋势

"一带一路"沿线各省域的物流业碳排放与区域整体变化趋势基本一致，如图5-1和图5-2所示。从图中可知，2006—2022年，"一带一路"沿线省域物流业的碳排放量总体呈现上升趋势，其中2006—2015年，"一带一路"沿线省域的物流业经历了快速的碳排放增长。这一显著的增长趋势主要归因于两个关键因素：一是中国加入了世界贸易组织，从而促进了中国的对外贸易活动，增强了在全球市场中的竞争力；二是2013年提出的共建"一带一路"倡议，通过加强区域间的经济合作与基础设施建设，推动了包括物流业在内的多个行业的发展。随着沿线省域经济水平的提升以及物流网络的扩展和完善，物流活动的频繁度和规模都有了显著的提升，这种经济活动的增长直接导致了能源消耗的增加。此外，随着物流中心和配送网络的扩建，相关的仓储设施也需要更多的电力供应，进一步推动了碳排放的增长。2015—2019年，大部分省域物流业的碳排放量增速放缓，但是上海和广东两地的增速依旧比较快，作为全国物流网络的重要枢纽，两地承接了大量的货物运输，使得碳排放量增速也相对较快。2020年受到新冠疫情的影响，大部分省域物流业的碳排放量都低于2019年，但浙江省2020年物流业的碳排放量比2019年高，这是因为浙江省发展和改革委员会、浙江省交通运输厅关于印发《浙江省物流降本增效综合改革试点实施方案》的通知中表明要推进物流企业清费减负，这会降低物流企业的成本，激发更多的物流运输需求，因此导致碳排放量的增加。但总的来说，新冠疫情对“一带一路”沿线省域物流业造成了一定的冲击。

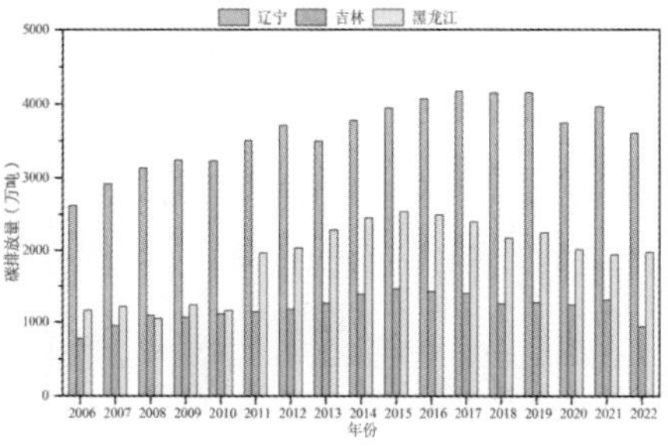

(a) 东北地区

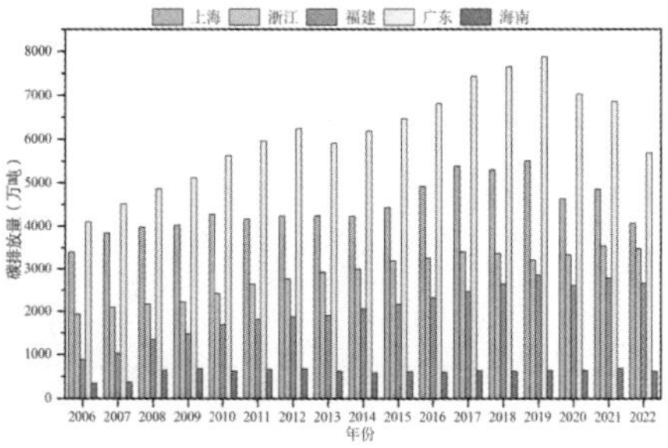

(b) 东南地区

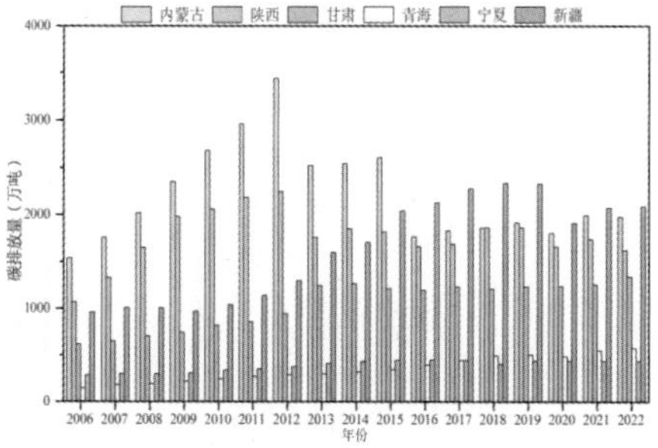

(c) 西北地区

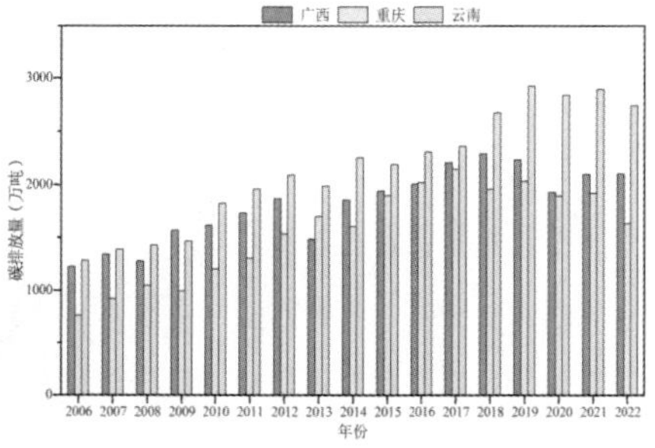

(d) 西南地区

图5-2 2006—2022年“一带一路”沿线各省域物流业碳排放量变化趋势

从四个地区来看，东南地区物流业的碳排放量相对较大，西北地区物流业的碳排放量始终处于较低水平。这是因为东南地区经济发达、人口数量多、物流需求量大，相应的能源消耗多，物流业的碳排放也就相对较高。

（2）物流业碳排放速率变化

为了进一步刻画“一带一路”沿线省域物流业碳排放随时间的发展趋势，本书在对其碳排放量进行核算的基础上，采用倾向值（SLOPE）测算2006—2022年“一带一路”沿线省域物流业碳排放量的变化斜率。Fuller（1998）提出，SLOPE倾向值法是一种通过对随时间变化的变量进行回归分析的方法，用于计算线性回归线斜率的统计工具，广泛应用于数据分析和统计学领域。通过预测变量的趋势，可以揭示变量变化的线性倾向，呈现变量变化的方向和大小。近年来，魏庭阳（2022）、李梓赫（2024）等学者将这种方法应用于研究碳排放的变化趋势。本书利用最小二乘法估算线性倾向值，计算公式如下：

$$SLOPE = \frac{n \times \sum_{i=1}^{n} x_i C_i - \sum_{i=1}^{n} x_i \sum_{i=1}^{n} C_i}{n \times \sum_{i=1}^{n} x_i^2 - \left(\sum_{i=1}^{n} x_i \right)^2} \tag{5.1}$$

式中：

n——年份的个数；

x_i——第i年（2006年为第一年）；

C_i——第i年的物流业碳排放量。

若$SLOPE>0$，那么物流业碳排放量随时间推移而上升；如果$SLOPE \leqslant 0$，那么物流业碳排放量随时间推移而下降。*SLOPE*值反映出该地区物流业碳排放量增加或减少的速率，也就是物流业碳排放量趋势的斜率。为了便于划分各地区碳排放量的增长速度，本书按照刘颖等（2023）采用标准差划分法将各地区碳排放量的变化趋势进行分类，分成四类，划分标准见表5-1。

表5-1 **变化趋势类型划分标准**

增长类型	缓慢增长型	中速增长型	较快增长型	迅猛增长型
*SLOPE*值	$< \bar{x}-0.5s$	$< \bar{x}-0.5s \sim \bar{x}+0.5s$	$\bar{x}+0.5s \sim \bar{x}+1.5s$	$\bar{x}+1.5s$

注：$\bar{x}$表示“一带一路”沿线各省域的*SLOPE*值平均数，s表示“一带一路”沿线各省域的*SLOPE*值标准差。

由图5-3可知，2006—2015年，广东碳排放量增长速度最为迅猛，福建、浙江和黑龙江增长速度较快，其他省域则被划分到中速和缓慢增长型。2006—2022年，广东依旧属于迅猛增长型，浙江和福建仍旧保持较快增长速度，黑龙江增长速度变缓，由较快增长转为中速增长，云南和新疆由中速转变为较快速度，这是因为经济增长加速，带来更多货物的运输和物流活动，从而提高碳排放量变化速度。

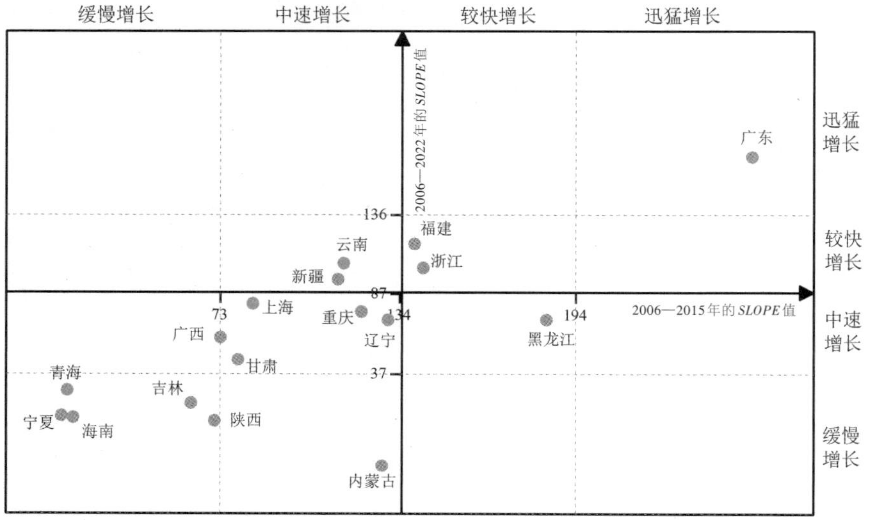

图5-3 2006—2015年、2006—2022年物流业碳排放量变化趋势类型

2016—2022年，*SLOPE*值普遍呈现出下降的趋势，说明在“十三五”时期实施的节能减排政策，以及“一带一路”倡议中强调的绿色发展理念和构建低碳发展共同体的战略，已经开始产生积极的影响。

5.1.2 物流业碳排放构成特征分析

本书在测算“一带一路”沿线省域物流业碳排放时，对物流业各能源碳排放量进行汇总，如图5-4所示。

由图5-4可知，柴油是“一带一路”沿线省域物流业碳排放最重要的来源，其碳排放量年均占比为42.39%，其次是汽油和煤油，年均贡献率为19.72%和11.17%。从年际变化来看，因柴油和汽油的消耗导致物流业碳排放变化趋势较为一致，呈现先上升后短暂下降再平稳上升后较快下降，总体仍呈上升趋势。对柴油和汽油等化石能源的过度依赖会

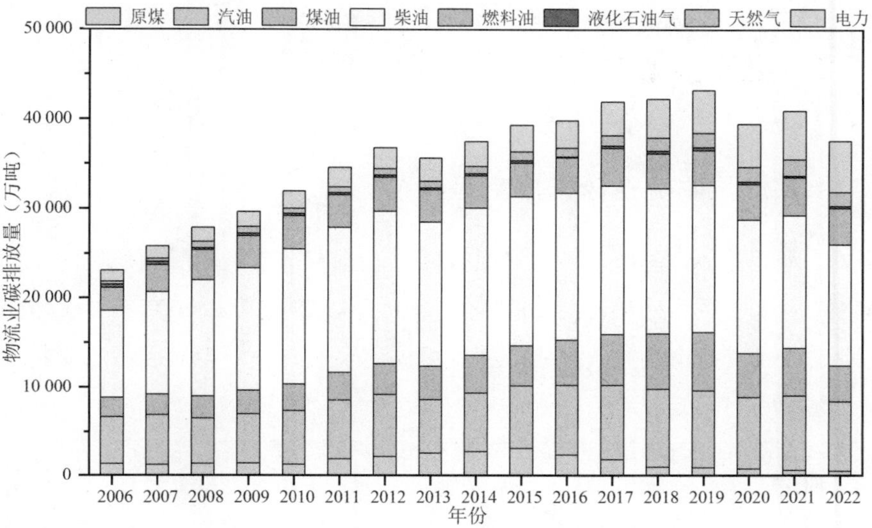

图5-4 "一带一路"沿线省域物流业各能源碳排放量

导致物流业产生更多的二氧化碳和更严重的环境污染问题，天然气、电力等清洁能源替代化石能源变得更为重要，与传统的化石能源相比，清洁能源产生的污染和碳排放更少。因此，物流业需要加强对能源结构的优化，推广使用清洁能源如太阳能、风能等可再生能源，以及提高能源利用效率，减少对化石能源的依赖，以促进碳达峰目标的实现和物流业的可持续发展。

2021年国务院印发的《2030年前碳达峰行动方案》中指出要大力推广新能源汽车，逐步降低传统燃油汽车在新车产销和汽车保有量中的占比，推广电力、氢燃料、液化天然气动力重型货运车辆。此外，2023年召开的《联合国气候变化框架公约》第28次缔约方大会首次呼吁全球"逐步放弃化石燃料"。随着环保理念的提出，以及绿色物流业的发展，"一带一路"沿线省域物流业在能源结构上得到一定的改变，逐步降低化石能源的使用，增加清洁能源的投入，但总的来说，物流业能源结构的调整还有很大的改进空间。

5.2 物流业碳排放的空间演变特征

5.2.1 物流业碳排放空间分布

为了展示“一带一路”沿线省域物流业碳排放量随时间变化的空间格局，本书利用柱形图对2006年、2011年、2016年和2022年“一带一路”沿线省域物流业碳排放量进行可视化表达，直观地展示各省域物流业碳排放空间分布趋势情况，如图5-5所示。

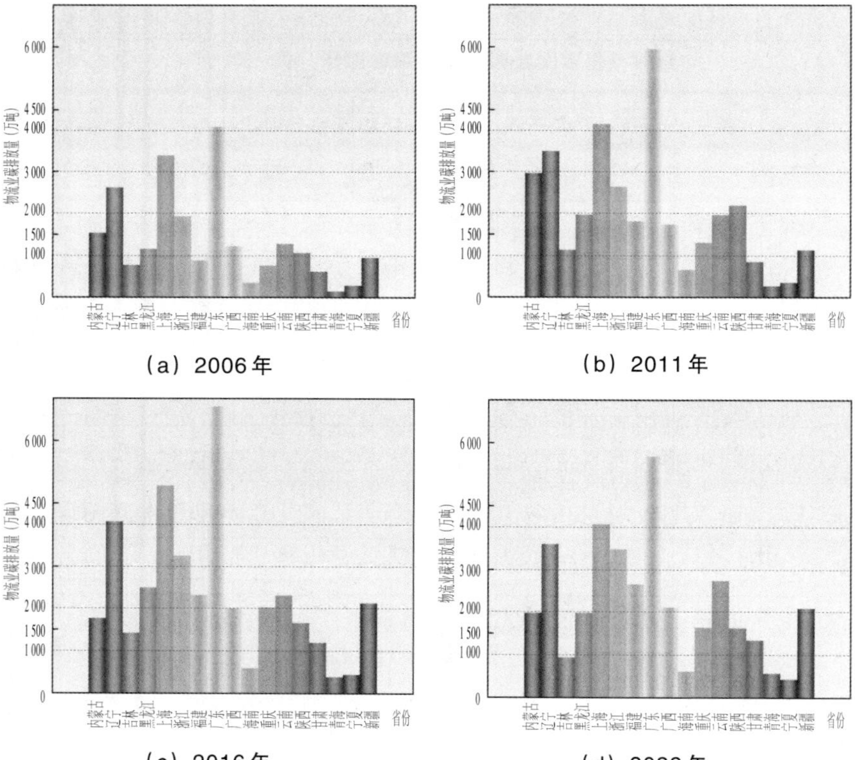

（a）2006年 （b）2011年

（c）2016年 （d）2022年

图5-5 “一带一路”沿线省域物流业碳排放总量空间分布图

由图5-5可以看出，“一带一路”沿线省域物流业产生的二氧化碳排放量整体上呈现出“西北-东南”方向递增的特点。“一带一路”沿线省域物流业高排放区域主要是东部地区，如辽宁、上海、浙江和广东等地区，广东和上海物流业一直处于高排放区域；而低排放区域主要集中在西北地区，如青海、甘肃和宁夏等地区。“一带一路”沿线省域物流业呈现出明显的空间非均衡性，这主要是因为东南地区经济发达、人口密度高、港口多以及物流中心和交通设施完善，因此大量的生产和物流活动导致碳排放量的增加。而西北地区经济发展水平相对较低，交通基础设施不够完善、交通密度低和人口规模小，从而使得物流业碳排放量一直处于较低的水平。总的来说，物流业碳排放量较高的大部分属于经济水平较高的东部地区，而物流业碳排放量较低的大多处于经济水平相对较低的西部地区，这在一定程度上印证了经济发展水平对物流业碳排放的影响，与郑健壮等（2023）研究的结果一致。

5.2.2 物流业碳排放空间自相关分析

空间自相关分析通常用于判断邻近对象之间的空间联系，以评估该属性下的空间集聚程度。其基本思想是，空间上相邻或接近的位置上的数据值之间可能存在某种依赖或相似性，而这种依赖或相似性会随着距离的增加而减弱或消失。空间自相关分析从全局和局部两个角度来进行自相关度量。

（1）全局空间自相关分析

全局空间自相关用来反映总范围内的空间相关性，常用指标是全局Moran's I。本书用全局Moran's I来判断我国“一带一路”沿线省域整体物流业碳排放是否存在空间相关性，计算公式如下：

$$I = \frac{n\sum_{i=1}^{n}\sum_{j=1}^{n}W_{ij}\left(x_i - \bar{x}\right)\left(x_j - \bar{x}\right)}{\sum_{i=1}^{n}\sum_{j=1}^{n}W_{ij}\sum_{i=1}^{n}\left(x_i - \bar{x}\right)^2} \tag{5.2}$$

式中：

I——全局莫兰指数；

n——研究区域省域总数；

x_i——第i省域的物流业碳排放量；

x_j——第j省域的物流业碳排放量；

$\bar{x}$——所有省域整体碳排放量的平均值；

W_{ij}——空间权重矩阵，它表示省域i和省域j的关联情况，本书借鉴邵帅（2016）的研究方法，构造地理经济距离权重矩阵，既考虑了地理距离的空间影响，又反映经济因素带来的区域溢出效应和辐射效应，因此能够更全面客观地评估其空间关联程度。

全局Moran's I的取值范围是［-1，1］，若I为正，表明存在空间正相关，且I的数值越大，集聚效果越显著；反之，若I为负，表明存在空间负相关，且数值越趋近-1，空间差异越显著；当I为0时，则表明其分布在空间上呈随机状态。

本书运用Stata软件对“一带一路”沿线省域物流业碳排放量进行了全局空间相关性分析，结果如表5-2所示。

表5-2　　2006—2022年物流业碳排放的全局Moran's I

年份	Moran's I	P-value
2006	0.090	0.140
2007	0.106	0.118
2008	0.153	0.064*
2009	0.152	0.065*
2010	0.185	0.039**
2011	0.173	0.046**
2012	0.168	0.051*
2013	0.171	0.047**
2014	0.165	0.051*
2015	0.160	0.055*
2016	0.152	0.061*
2017	0.153	0.057*
2018	0.163	0.048**
2019	0.174	0.039**
2020	0.217	0.019**
2021	0.245	0.014**
2022	0.261	0.012**

注：*表示10%显著性水平，**表示5%显著性水平。

从表5-2可以看出，2006—2022年物流业的碳排放全局Moran's I值均为正数。其中，2006年和2007年的P值分别是0.140和0.118，未能通过显著性检验，其余年份都通过90%置信区间的显著性检验，说明“一带一路”沿线省域物流业碳排放整体上呈现空间正相关，即物流业碳排放高省域被碳排放高的省域包围（“高-高”集聚）或者物流业碳排放低的省域被碳排放低的省域包围（“低-低”集聚）。在研究期内，全局Moran's I值经历了显著的变化。2006年，该值为0.09，表明此时“一带一路”沿线省域物流业碳排放的空间相关性较低，尚未形成明显的空间集聚现象。随着时间的推移，到2010年，Moran's I值显著增加至0.185，这反映了在此期间，沿线省域物流业的碳排放呈现出更强的空间正相关性，即高排放地区倾向于与其他高排放地区相邻，低排放地区也倾向于聚集在一起。从2010年到2016年，虽然Moran's I值有所下降，达到0.152，但这一下降可能是短暂的波动或调整期，并未改变整体上增强的趋势。随后，从2016年至2022年，Moran's I值再次上升至0.261，进一步证实了“一带一路”沿线省域物流业碳排放的空间集聚特征不仅持续存在，而且有逐渐增强的趋势。这种变化趋势说明，随着共建“一带一路”倡议的推进和沿线省域经济的快速发展，物流业作为连接生产和消费的重要环节，其活动日益频繁，导致碳排放量增加，并且在地理空间上的分布越来越不均衡，形成了明显的空间集聚效应。

（2）局部空间自相关分析

局部空间自相关能够识别出某空间单元与其邻近空间单元属性值的相关性与集聚性，同时能够判断属性值的空间分布特征。根据上文，我们发现“一带一路”沿线省域物流业碳排放存在空间集聚性，且集聚性逐渐增强，因此进一步对各省域与其邻近省域物流业碳排放进行局部空间自相关分析，常用指标是局部Moran's I，计算公式如下：

$$I_i = \frac{\left(x_i - \bar{x}\right)}{S^2} \sum_{i \neq j} W_{ij}\left(x_j - \bar{x}\right) \tag{5.3}$$

式中：

S^2——各省域物流业碳排放的方差，其余变量含义和公式（5.2）一致。

①Moran散点图

本书用Moran散点图来呈现“一带一路”沿线省域物流业碳排放与周围邻近省域物流业碳排放的相关程度。在Moran散点图中，横轴表示在空间地理单元中标准化后的观测值，纵轴表示标准化后的局部空间自相关指标Moran’s I。在Moran散点图中，“一带一路”沿线各省域物流业碳排放情况的点分散在四个象限中，代表着四种不同的集聚状态：第一象限，表示本省域物流业碳排放较高，相邻省域物流业碳排放也较高，存在空间正相关关系；第二象限，表示本省域物流业碳排放较低，相邻省域物流业碳排放较高，存在空间负相关关系；第三象限，表示本省域与相邻省域物流业碳排放均较低，存在空间正相关关系；第四象限，表示本省域物流业碳排放较高，相邻省域物流业碳排放较低，存在空间负相关关系。处于第一象限（“高-高”）和第三象限（“低-低”）的观测点，表明该区域物流业碳排放存在正相关关系并出现空间集聚现象；处于第二象限（“低-高”）和第四象限（“高-低”）的观测点，表明该区域物流业碳排放存在负相关关系并出现空间异质性特征。本书选取2006年、2011年、2016年和2022年的Moran散点图进行展示，如图5-6所示。在表5-3中列出各坐标轴区域内对应的具体省域。

从图5-6和表5-3可以看出，“一带一路”沿线省域物流业碳排放在空间上表现出两极分化的特征，各代表年份“一带一路”沿线省域大部分的地区都落在代表“高-高”集聚的第一象限和“低-低”集聚的第三象限，表明2006—2022年“一带一路”沿线省域物流业碳排放与相邻省域物流业碳排放呈现正相关关系，说明这些省域与相邻省域物流业碳排放的特征值是相似的（同高或者同低），具有空间集聚的趋势，这与全局空间自相关检验结果一致。

“高-高”集聚区集中分布在浙江、上海这些经济发达的省域，表现为区域内各省域与相邻省域的物流业碳排放水平都较高，这些省域人口和城市密集、开放程度高、交通物流业发展迅速，使得这些地区在研究期内始终表现出“高-高”集聚。“低-低”集聚区集中分布在甘肃、青海、宁夏、新疆、广西等省域，表现为区域内各省域与周围省域的物

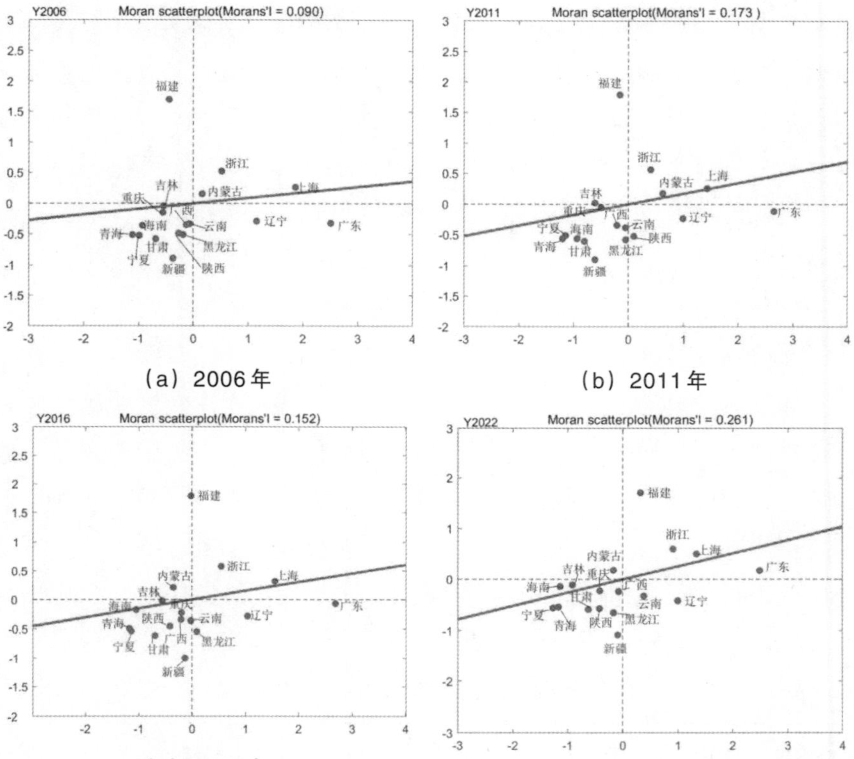

（a）2006年 （b）2011年

（c）2016年 （d）2022年

图5-6 不同年份物流业碳排放Moran散点图

表5-3 2006—2022年物流业碳排放Moran散点图省域分布情况

年份	H-H集聚区	L-H集聚区	L-L集聚区	H-L集聚区
2006	上海、浙江、内蒙古	福建	广西、云南、陕西、黑龙江、海南、甘肃、青海、宁夏、新疆、吉林、重庆	辽宁、广东
2011	浙江、内蒙古、上海	福建、吉林	广西、云南、黑龙江、海南、甘肃、青海、宁夏、新疆、重庆	陕西、辽宁、广东
2016	浙江、上海	内蒙古、福建	重庆、广西、云南、陕西、海南、甘肃、青海、宁夏、新疆、吉林	广东、辽宁、黑龙江
2022	浙江、上海、广东、福建	内蒙古	重庆、广西、黑龙江、陕西、海南、甘肃、青海、宁夏、新疆、吉林	云南、辽宁

流业碳排放水平都较低，这些地区人口相对少、对外开放水平相对低、物流行业发展相对慢，形成了稳定的“低-低”聚集。只有少量省域分布在第二和第四象限，辽宁、陕西等省域分布于第四象限，这些高碳排放水平的省域与其周围低碳排放水平的地区形成了“高-低”聚集。福建等省域则基本位于第二象限，这些省域与周围高碳排放水平的区域形成了“低-高”聚集。总的来说，“一带一路”沿线省域物流业碳排放存在显著的空间集聚分布特征。

②LISA集聚表

Moran散点图虽然可以揭示“一带一路”沿线省域物流业碳排放的局部空间相关性和集聚区位置，但是不能以统计学的角度说明其是否是显著的，所以，为了进一步确认所研究范围内物流业碳排放的空间集聚现象的变化，在本研究中，通过10%显著性检验局部空间集聚指标，绘制出2006年、2011年、2016年和2022年“一带一路”沿线省域物流业碳排放水平的LISA集聚表（见表5-4）。

表5-4 **不同年份物流业碳排放水平的LISA集聚表**

年份	H-H集聚区	L-H集聚区	L-L集聚区	H-L集聚区
2006	上海	无	宁夏、甘肃、青海	广东
2011	无	无	宁夏、甘肃、青海	无
2016	上海	无	宁夏、甘肃、青海	无
2022	上海、浙江	无	宁夏、甘肃、青海	无

由表5-4可知，相比于Moran散点图，LISA集聚表显示的具有集聚显著特征的省域数量明显较少，这并不矛盾，只能说明LISA集聚表中的这些集聚区域在统计意义上更为显著。“低-低”集聚区有青海、甘肃和宁夏，表明这些地区物流业碳排放量较低，且被周围省域的低值包围。“高-高”集聚区有上海、浙江，表明这些地区物流业碳排放量较高，且被周围省域的高值包围。这也验证了“一带一路”沿线省域物流业碳排放呈现“西北-东南”递增的空间分布特征。

5.3 本章小结

本章首先构建了物流业碳排放的测算模型，运用IPCC碳排放系数法计算出2006—2022年"一带一路"沿线省域物流业碳排放量，在此基础上，从时间、碳排放构成结构和空间特征三个方面来分析物流业碳排放的时空演变特征。结果表明：①"一带一路"沿线省域物流业碳排放在2019年之前整体上呈快速上升趋势，在2013年短暂下降后又继续保持上升趋势。2020年，由于新冠疫情的影响，物流业碳排放量出现下降，大多数地区物流业碳排放量变化趋势与之相似。②在物流业碳排放构成结构中，柴油的占比最大，其次是汽油，要减少对化石能源的依赖，大力推广绿色清洁能源使用是物流业实现碳达峰目标的关键途径。③受经济发展和地理环境的影响，"一带一路"沿线省域物流业碳排放量整体上呈现"东高西低、南高北低"的空间差异，且物流业碳排放存在显著的空间正相关和区域集聚性，高值集聚区主要分布在东南沿海地区，低值集聚区主要分布在西北地区，这种集聚效应在研究期内整体上是不断增强的。

第6章　“一带一路”沿线省域物流业碳排放效率评价

物流业碳排放效率是衡量物流行业低碳化发展水平的重要指标。为了全面评估“一带一路”沿线省域物流业碳排放的发展情况，本章基于第4章分析得出的碳排放数据建立投入产出指标体系，对沿线省域物流业的碳排放效率进行系统评价，揭示各省域物流业在碳排放管理方面的效率水平及其动态变化，进而识别碳排放效率提升的潜在空间和改进方向。通过对物流业碳排放效率的深入分析，将为后续制定针对性的减排策略和优化“一带一路”沿线省域物流业的碳排放效率提供理论基础。

6.1　物流业碳排放效率

效率这一概念最初源自物理学领域，它描述的是有用功率与驱动功率之间的比率，即系统在能量转换过程中的有效性。随着时间的推移，效率的概念被引入经济学，并得到了广泛的应用。杨奕（2021）指出，在经济学中，效率指的是在特定的技术和资源条件下，如何将有限的资源投入转化为最大的经济产出，这也就是所谓的“帕累托最优状态”，即在不损害任何一方利益的前提下，资源配置达到最优。Kaya（1997）最先引入"碳生产率"这一概念，其定义为某国或地区在一定时期内的国内生产总值（GDP）与碳排放总量的比率，以此衡量碳排放的经济效应。到了2008年，麦肯锡咨询公司进一步解释了碳生产率，刘国平等（2011）将其描述为单位二氧化碳排放所带来的GDP产出水平。在此后的一段时间里，业界广泛使用"碳均GDP"来揭示碳排放与经济增长之间的关系。然而，由于该指标在衡量结果上的单一性，近年来学界又提出了"碳排放效率"作为新的研究指标。

碳排放效率涉及环境科学和经济学的交叉领域。碳排放效率指的是在生产和消费活动中，通过技术进步、政策实施以及生活方式的改变等手段，减少单位经济产出的碳排放量。这一概念的核心在于实现经济增长与环境保护之间的平衡，即在实现经济发展的同时，尽可能减少对环境的负面影响。在物流业这一特定领域，碳排放效率尤为重要。物流业作为连接生产和消费的重要环节，其活动涉及广泛的运输、仓储和配送等过程，这些过程往往伴随着大量的能源消耗和碳排放。大部分学者认为，物流业的碳排放效率可以理解为在实现相同经济产出的前提下，通过优化物流网络、提高运输工具的能源效率、采用清洁能源和绿色技术等措施，减少物流活动产生的碳排放量。如今关于碳排放效率的研究越来越多，根据最新的碳排放评估标准，李晓梅等（2024）运用超效率数据包络分析法和全局空间自相关分析方法，对中国物流业的实际碳排放效率进行了重新测量。刘小兰等（2023）基于2004—2019年长江经济带11省市数据，运用SBM-Undesirable模型对物流业碳排放效率进行了测算，并利用Dagum基尼系数和参数最优地理探测器探究其非均衡性及驱动因素。包耀东等（2020）为了探究影响2003—2016年长三角地区物流产业碳排放量的因素，采用能量系数法进行估算，并且从能源结构、能源效率、产业结构、经济增长和人口五个方面出发，定量分析了这些因素对碳排放规模的影响。

6.2 物流业碳排放效率测算

6.2.1 物流业碳排放效率评价方法选择

（1）效率评价常用方法

①数据包络分析法

张宏军等（2018）指出，数据包络分析法（DEA）是一种不需要预设参数的分析技术，它能够同时纳入多个输入和输出指标，利用实际收集的数据来评估不同实体的相对效能。这种方法的独特之处在于其对数据不需要作出任何前提假设，因此可广泛应用于各类数据分析场景。通过比较各实体投入与产出的比例关系，DEA能够有效评价它们的综合效率水平。此外，该方法还擅长处理涉及多个投入和多个产出的效率评估问题，并能兼顾考量不同决策单元间的相互影响。在实际应用中，DEA不仅可以识别出表现优异的决策单元并总结其最佳实践案例，还能为其他单元提供明确的改进建议。通过对低效决策单元的分析，可以揭示其存在的不足之处，并据此提出具体的优化措施。因此，除了作为一种效率评价工具外，DEA还能够指导决策者如何提高运营效率。

数据包络分析法最初仅用于评估生产资料的单一投入和产出效率。后来Cooper、Charnes和Rhodes于1978年提出了DEA-CCR模型，该模型在规模报酬不变的假定下，能够评价多种生产要素的投入产出效率。然而，在实际生产活动中，规模报酬通常是可变的，因此，Banker、Cooper和Charnes在1984年对DEA-CCR模型进行了改进，推出了DEA-BCC模型，以适应规模报酬变化条件下的效率评价需求。2001年之后，DEA得到了更多研究者的关注和研究，又衍生出了多种模型，如减少环境影响因素的三阶段DEA，可以将不良产出指标加入投入产出指标体系的SBM模型，以及可以将测算范围扩大到（0，+∞）的超效率SBM模型等。

②层次分析法

层次分析法（AHP）是一种广泛应用于多目标决策分析的系统化、

层次化的决策方法，它由美国运筹学家萨蒂于20世纪70年代提出。该方法是通过结合定性与定量分析来解决复杂的决策问题，首先要求决策者构建一个层次结构模型，该模型通常包括四个层次：目标层、准则层、因素层和指标层。目标层是决策的最终目的，准则层是实现目标所需考虑的准则或标准，因素层是影响准则的具体因素，指标层则是衡量因素的具体指标。通过这种层次化的结构，复杂的决策问题被分解成更小、更易于管理和评估的部分。其次，决策者需要对准则层和因素层中的元素进行两两比较，形成判断矩阵。这个矩阵反映了各元素之间的相对重要性。通过计算判断矩阵的最大特征值及其对应的特征向量，可以得到各元素的权重。这些权重表示各元素对于上一层次元素的相对重要性。最后，利用最大特征值对应的特征向量作为权重系数，层次分析法可以评价不同方案的相对优劣。通过将各方案在各个层次的权重进行合成，可以得到一个综合权重，从而对各方案进行排序和选择。层次分析法的一个显著优势是它对定量数据的需求相对较低，这使得它在数据不完全或难以量化的情况下特别有用。同时，该方法能够保持较低的误差率和较高的可靠性，因为它允许决策者通过两两比较来表达他们对不同元素相对重要性的判断。

③模糊综合评价法

Ho K（2011）指出，模糊综合评价法（FCE）是一种基于模糊数学理论的评估技术，它通过运用模糊数学中的隶属度理论来处理和解决综合评估问题。这种方法特别适用于那些难以直接量化或者存在不确定性因素的评价场景，能够将这些因素转化为可度量的数据，进而进行科学、客观的评价。

模糊综合评价法的核心优势之一是能够将定性的评价因素转化为定量的数据。在许多实际问题中，评价因素往往是模糊的、难以量化的。通过构建隶属度函数，这些定性因素被赋予了数值，使得原本难以比较的因素变得可以量化和比较。该方法通过考虑评价对象在不同评价等级上的隶属程度来进行整体评价。每个评价因素都有其对应的隶属函数，这些函数定义了评价对象在各个评价等级上的隶属度。通过这种方式，模糊综合评价法能够更全面地反映评价对象的实际状况。在面对由多方面因素共同影响下的复杂评价问题时，模糊综合评价法能够有效地整合各种因素，提供一种综合的评价结果。这种方法通过模糊数学的手段，使得在不确定性环境下的评价变得更加科学和合理。模糊综合评价法通过数值化手段精确地处理不确定性问题，使得评价结果既清晰又具有高度的兼容性。这种方法能够将模糊的、不精确的信息转化为明确的数值，从而为决策者提供更直观、更准确的决策依据。

④随机前沿分析法

随机前沿分析法（SFA）是一种先进的经济计量学工具，它被广泛用于确定生产边界并评估生产效率。这种方法通过深入分析投入与产出之间的关系，提供了一种量化生产效率的手段。SFA的核心在于构建一个生产函数，该函数能够描述在给定的技术水平和资源约束下，生产单元能够达到的最大产出水平。

作为参数方法的典型代表，SFA与非参数方法中的DEA形成了鲜明的对比。这两种方法在效率分析领域各有所长。SFA要求研究者指定具体的生产函数形式，这通常涉及对生产过程中投入和产出之间关系的假设。这种假设可能基于理论模型或先前的研究。DEA则不需要预设任何形式的生产函数，它通过构建一个边界来包围所有决策单元的投入产出数据，从而确定效率边界。在进行输入输出变量的选择时，利用SFA方法的研究者需要明确选定输入和输出变量，这些变量的选择直接影响模型的估计结果。选择哪些变量作为输入和输出，需要基于对生产过程的深入理解和实证研究。相比之下，DEA允许研究者在不预设具体函数形式的情况下，通过数据包络来确定效率边界。此外，SFA适用于小样本数据，并且正在向动态模型发展，以更好地反映效率随时间变化的趋势。

（2）物流业碳排放效率评价方法选择

通过对评价方法的比较分析，DEA方法相比其他方法具有多方面优势（见表6-1）。首先，作为一种非参数统计方法，DEA不需要预设生产函数的具体形式，这使得它非常适合于那些涉及多个投入和产出的复杂系统。其次，DEA方法的一个显著特点是它仅依赖于决策单元的投入产出数据，而不需要人为设定权重或深入了解数据间的复杂关系。

这一点在物流业尤为重要，因为物流过程中的投入和产出往往难以用单一的权重来衡量，而且它们之间的关系可能非常复杂，不易被直接观察或量化。

表6-1 **评价方法分析比对表**

评价方法	适用范围	优点	缺点
数据包络分析法	适合多投入多产出系统的相对效率评价	模型简单，结果不受计量单位的影响	不能同时通过投入和产出角度进行测算
层次分析法	适用于多准则决策问题	简单易用，能够处理定量和定性因素，适用于多层次、多目标的决策问题	主观性较强，难以处理大规模的决策问题
模糊综合评价法	适合处理模糊性和不确定性较强的评价问题	能够处理模糊性和不确定性，适用于定性和定量指标的结合，灵活性强，可以根据具体需求进行调整	主观性较强
随机前沿分析法	适用于需要估计生产函数并考虑随机误差的效率分析	能够分离随机误差和技术无效性，提供统计检验的可能性，适用于面板数据分析	需要估计生产函数，属于参数方法，对数据分布有假设要求

此外，DEA方法的结果不受计量单位的影响，这意味着在评估过程中，不同指标的单位差异不会影响到最终的效率评价结果。其简化了指标选择和数据标准化的过程，使得评估工作更加高效和准确。物流业是一个典型的多输入多输出的复合服务产业，且存在不同计量单位和不确定的函数关系，DEA方法因其考察相对效率的特点而成为评估物流业碳排放效率的理想选择。DEA方法能够比较不同决策单元之间的相对效率，而不是绝对效率，这有助于识别效率低下的环节，并为改进提供方向。因此，本书选择采用DEA及其衍生方法来评估物流业的碳排放效率。

6.2.2 物流业碳排放效率测算指标选取与方法介绍

（1）指标选取

①指标选取原则

构建一个科学、全面、客观的指标体系是评估“一带一路”沿线省域物流业碳排放效率的基础。为此，应遵循以下原则：

第一，科学性。在构建指标体系时，必须确保所选指标具有坚实的科学基础。这意味着每个指标都应该能够准确反映物流活动的内涵和碳排放的实际水平。为此，需要从物流学、环境科学、经济学等多个学科中汲取理论支持，确保指标目标明确、定义准确、客观可靠。

第二，系统性。在设计指标体系时，我们要考虑指标之间的逻辑性、关联性和层次性。这意味着指标之间应该既独立又相互联系，形成一个有机的整体。我们将指标分为初级指标和次级指标，全面反映区域物流发展水平。

第三，全面性。在构建指标体系时，我们必须综合考虑人力、物力、财力、社会、经济、环境等多个因素。指标体系需要从多个角度和层次来建立，以确保能够全面评估物流活动的碳排放效率。

第四，可行性。在确保科学性的前提下，我们还必须考虑指标的数据可获得性和可量化性。因此，选择的指标必须能够通过直接或间接的方法来计算，并且数据来源必须是可靠的。

②评价指标体系的构建

评价指标体系如表6-2所示。

本书选择各省域邮政和交通运输业从业人员数量作为物流业劳动力投入指标。这一数据能够直观地反映各省域在物流劳动生产过程中的人力资源要素投入。从业人员数量作为劳动力投入的直接体现，能够展示出物流业的规模和人力资源配置状况。从业人员数量的变化趋势可以作为衡量物流业发展活力和效率的间接指标。从2010年到2019年的数据来看，交通运输、仓储和邮政业城镇单位就业人员数量呈现先增后减的趋势，这与物流业的技术进步、自动化水平提高以及产业结构调整有关。从业人员数量的地区差异可以反映不同省域物流业发展的不平衡性。

表6-2 **物流业碳排放评价指标体系**

	一级指标	二级指标	单位
投入	劳动力	物流业从业人数	万人
	资本投入	物流业固定资产投资额	亿元
	能源消耗	物流业能源消耗量	万吨标煤
产出	非期望产出	物流业碳排放量	亿元
	期望产出	物流业生产总值	亿元

物流业固定资产投资额是衡量行业发展前景的关键指标，它不仅代表了资本投入的规模，还反映了物流业的发展趋势和经济活力。固定资产投资额是指在一定时期内，用于建造和购置固定资产的工作量和相关费用的总和。在物流业中，这包括了对运输工具、仓储设施、信息技术系统等关键资产的投资。这些投资是物流企业提升服务质量、运营效率和市场竞争力的重要手段。此外，固定资产投资额的增长往往预示着物流业的扩张和升级。随着共建"一带一路"倡议的推进，共建地区的物流基础设施建设得到了加强，固定资产投资额的增加也反映了这一趋势。固定资产投资额是国民经济核算中的重要组成部分，固定资本形成总额是支出法GDP的一个重要组成部分。物流业的固定资产投资额增加，不仅能够促进物流业自身的发展，还能带动相关产业的增长，对整体经济发展起到推动作用。

物流业的能源消耗量能够很好地代表物流活动过程中能源的投入。作为能源消耗的重要行业之一，物流业在运输、仓储、配送等各个环节都需要大量的能源支持。这些能源消耗直接关联到碳排放水平，因为大多数能源的燃烧过程都会释放二氧化碳等温室气体。然而，国内目前并没有专门针对物流行业的二氧化碳排放监测数据，因此只能根据物流行业的能源消耗量来进行推算和评估其碳排放情况。这一过程需要综合考虑不同能源类型的碳排放系数，并结合具体的能源消耗数据进行计算，以便更准确地估算物流业的碳排放量。

各省域物流业生产总值是衡量其有效产出的指标，它不仅反映了一个地区物流业的经济活动规模，也是评估该地区物流业对经济增长贡献的关键数据。物流业生产总值能够直观地展示各省域物流业的经济活动规模，这一指标的高低直接关联到该地区物流业的活跃程度和市场规模。物流业生产总值的增长也反映了一个地区物流业发展水平的提升。随着物流业的社会化、专业化水平提高，以及第三方物流企业的加速发展，物流业生产总值也随之增长，成为新的经济增长点。

以上指标均来自《中国统计年鉴》，为保证数据的可比性，物流业增加值根据2006年不变价进行调整，物流业固定资产投资额将2006年作为基准年，运用相应年份的固定资产投资价格指数进行平减。

由《中国统计年鉴》可得如下数据（见表6-3、表6-4）：

表6-3 **"一带一路"沿线省域名义物流业固定资产投资** 单位：亿元

年份	内蒙古	辽宁	吉林	黑龙江	上海	浙江	福建	广东	广西
2006	397.60	571.72	191.80	263.46	600.84	864.98	375.37	807.74	229.39
2007	501.33	592.90	241.54	307.93	837.59	761.02	533.94	862.48	314.44
2008	472.63	804.23	288.87	408.01	783.33	764.99	614.45	1108.81	432.37
2009	786.40	757.60	423.80	651.80	882.80	1 008.70	885.40	1596.20	602.30
2010	1 042.98	1 080.82	580.91	794.86	655.25	1 068.73	1 188.95	1 820.01	842.45
2011	988.00	909.40	497.80	572.70	519.80	1 119.20	1 207.60	1 677.20	791.80
2012	1 148.00	1 070.10	547.30	519.30	460.80	1 349.70	1 441.90	1 729.70	925.80
2013	1 272.30	1 582.40	586.70	544.80	499.00	1 454.70	1 572.60	2 444.40	1 121.20
2014	1 342.50	1 808.50	779.90	733.00	459.20	1 736.60	1 783.70	2 589.90	1 301.60
2015	1 251.20	1 263.60	961.30	995.00	794.60	2 312.80	2 230.70	3 037.60	1 532.90
2016	1 427.70	652.70	1 162.70	1 127.90	944.90	2 577.40	2 498.60	3 032.30	1 824.00
2017	1 180.20	602.00	1 211.70	1 200.50	960.30	2 967.50	2 808.90	3 759.60	2 005.60
2018	765.95	490.03	1 075.99	912.38	1 052.49	3 614.42	3 044.85	3 665.61	2 386.66
2019	886.97	384.67	1 057.70	1 031.90	938.82	4 163.81	2 594.21	4 098.15	2 730.34
2020	794.73	396.21	766.83	1 030.87	681.58	4 417.80	2 176.54	4 536.65	3 355.59

续表

年份	内蒙古	辽宁	吉林	黑龙江	上海	浙江	福建	广东	广西
2021	681.08	463.57	854.25	1 060.77	817.90	4 585.67	2 254.90	4 763.49	4 489.78
2022	782.56	687.47	1 229.27	1 118.05	807.27	4 406.83	2 367.64	4 792.07	5 136.31
年份	海南	重庆	云南	陕西	甘肃	青海	宁夏	新疆	全域
2006	76.15	263.39	404.92	355.24	135.92	70.40	51.26	182.57	5 842.74
2007	89.86	353.43	421.12	389.00	102.04	85.54	48.90	169.45	6 612.50
2008	127.84	449.20	375.02	448.33	115.71	104.21	69.06	247.21	7 614.25
2009	186.40	643.40	570.90	599.50	155.00	124.10	90.10	339.90	10 304.30
2010	164.05	645.26	977.56	739.62	208.62	146.37	120.85	415.64	12 492.93
2011	100.30	714.70	904.00	809.00	252.50	134.00	105.50	387.80	11 691.30
2012	143.20	835.00	780.50	805.40	306.60	232.00	113.30	437.20	12 845.80
2013	278.70	1 012.70	1 135.20	900.80	434.20	290.40	154.20	551.60	15 835.90
2014	351.20	1 202.70	1 538.90	987.60	793.70	446.80	217.20	753.50	18 826.50
2015	421.80	1 436.50	1 815.20	1 439.50	814.90	419.80	261.70	1 017.40	22 006.50
2016	467.10	1 630.70	2 577.50	1 576.60	1 100.00	589.90	357.40	836.10	24 383.50
2017	486.00	1 954.80	3 741.70	1 891.20	956.60	730.50	330.10	1 978.50	28 765.70
2018	376.16	2 173.74	4 246.83	2 131.38	793.98	655.99	270.02	1 177.21	28 833.68
2019	230.96	2 295.47	4 896.59	2 167.62	961.51	383.75	181.72	1 117.17	30 121.37
2020	266.53	2 639.79	5 097.35	2 163.28	1 136.50	453.98	174.64	1 357.36	31 446.25
2021	315.58	2 716.34	5 184.01	1 823.65	1 131.96	490.30	191.40	1 603.04	33 427.68
2022	320.94	2 835.86	4 603.40	2 197.49	1 024.42	501.09	211.50	1 447.55	34 469.71

表6-4 “一带一路”沿线省域固定资产投资价格指数（上年=100）

年份	内蒙古	辽宁	吉林	黑龙江	上海	浙江	福建	广东	广西
2006	103.3	102.1	102.2	102.1	100.1	101.5	102	100.7	101.2
2007	103.8	104.3	103.9	104.5	103.5	104.4	105.9	102.4	102.3

续表

年份	内蒙古	辽宁	吉林	黑龙江	上海	浙江	福建	广东	广西
2008	108.12	109.11	107.27	108.97	107.91	109.33	105.91	108.61	107.85
2009	98.5	97	99.4	97.6	97	96.7	98	96.7	97.9
2010	105.35	103.33	102.44	105.22	103.75	104.65	103.31	102.95	103.04
2011	106.25	106.64	105.55	107.45	106.46	107.49	106.17	105.53	106.22
2012	101.6	100.96	100.36	100.81	99.44	99.23	100.3	101.52	100.59
2013	99.58	100.02	99.97	100.14	100.16	99.97	100.07	101.37	100.05
2014	99.82	99.66	100.21	99.97	100.47	100.58	100.36	101.45	101.57
2015	98.02	97.93	97.58	98.98	97.02	97.43	98.32	98.99	98.78
2016	99.51	99.21	98.72	99.35	99.58	99.46	99.98	100.26	99.48
2017	103.4	104.02	104.71	103.4	106.72	105.84	105.58	105.25	104.35
2018	103.61	103.47	104.62	103.28	105.64	105.69	104.86	106.17	104.48
2019	101.72	103.1	102.6	100.84	101.42	102.12	101.53	104.25	102.38
2020	102.67	104.43	103.89	101.31	102.55	103.33	102.35	105.61	103.30
2021	103.47	105.78	105.23	101.81	103.31	104.32	102.95	106.99	104.28
2022	103.49	106.23	105.36	101.41	102.47	103.94	102.30	107.43	104.26
年份	海南	重庆	云南	陕西	甘肃	青海	宁夏	新疆	
2006	101	101.7	101.8	102.6	104.1	102.4	101.3	102.2	
2007	106.1	105.5	104.2	104	102.8	104.2	103.2	104.4	
2008	113.28	110.21	107.35	109.53	106.67	110.49	108.97	111.19	
2009	97.7	97.8	98.1	99.3	101.5	100.9	100.2	98	
2010	105.23	102.1	102.74	103.61	103.51	103.82	104.21	104.56	
2011	106.42	105.91	104.64	105.94	104.7	106.51	107.51	107.07	
2012	102.04	101.75	101.38	102.6	102.05	102.22	101.52	100.56	
2013	99.25	100.52	101.05	102.01	100.36	101.54	99.8	100.48	

续表

年份	内蒙古	辽宁	吉林	黑龙江	上海	浙江	福建	广东	广西
2014	100.6	100.32	100.95	101.08	100.13	100.94	100.78	100.28	
2015	99.4	98.24	99.1	98.84	97.7	98.18	97.49	98.25	
2016	100.09	98.87	100.05	99.85	98.74	99.63	99.57	99.91	
2017	104.14	105.26	104.94	105.3	105.92	106.09	105.9	103.51	
2018	106.15	104.99	104.9	105.39	104.61	104.33	103.51	103.66	
2019	103.33	103.39	102.32	102.61	102.63	102.49	102.02	102.81	
2020	104.34	104.72	103.14	103.57	103.90	103.60	103.19	103.98	
2021	105.43	106.23	103.93	104.53	105.23	104.61	104.11	105.03	
2022	105.75	106.48	103.68	104.34	105.06	104.25	103.67	105.41	

以2006年为基期，用上一年的固定资产投资价格指数（2006年为1）乘以当年的固定资产投资价格指数除以100得到如下数据（见表6-5）：

表6-5 “一带一路”沿线省域固定资产投资价格指数（以2006年为基期）

年份	内蒙古	辽宁	吉林	黑龙江	上海	浙江	福建	广东	广西
2006	1.00	1.00	1.00	1.00	1.00	1.00	1.00	1.00	1.00
2007	1.04	1.04	1.04	1.05	1.04	1.04	1.06	1.02	1.02
2008	1.12	1.14	1.11	1.14	1.12	1.14	1.12	1.11	1.10
2009	1.11	1.10	1.11	1.11	1.08	1.10	1.10	1.08	1.08
2010	1.16	1.14	1.13	1.17	1.12	1.16	1.14	1.11	1.11
2011	1.24	1.22	1.20	1.26	1.20	1.24	1.21	1.17	1.18
2012	1.26	1.23	1.20	1.27	1.19	1.23	1.21	1.19	1.19
2013	1.25	1.23	1.20	1.27	1.19	1.23	1.21	1.20	1.19
2014	1.25	1.22	1.20	1.27	1.20	1.24	1.21	1.22	1.21
2015	1.22	1.20	1.18	1.26	1.16	1.21	1.19	1.21	1.19

续表

年份	内蒙古	辽宁	吉林	黑龙江	上海	浙江	福建	广东	广西
2016	1.22	1.19	1.16	1.25	1.16	1.20	1.19	1.21	1.19
2017	1.26	1.24	1.21	1.29	1.23	1.27	1.26	1.27	1.24
2018	1.31	1.28	1.27	1.33	1.30	1.34	1.32	1.35	1.29
2019	1.33	1.32	1.30	1.34	1.32	1.37	1.34	1.41	1.33
2020	1.36	1.38	1.35	1.36	1.36	1.42	1.37	1.49	1.37
2021	1.41	1.46	1.43	1.39	1.40	1.48	1.41	1.59	1.43
2022	1.46	1.55	1.50	1.40	1.44	1.54	1.45	1.71	1.49
年份	海南	重庆	云南	陕西	甘肃	青海	宁夏	新疆	
2006	1.00	1.00	1.00	1.00	1.00	1.00	1.00	1.00	
2007	1.06	1.06	1.04	1.04	1.03	1.04	1.03	1.04	
2008	1.20	1.16	1.12	1.14	1.10	1.15	1.12	1.16	
2009	1.17	1.14	1.10	1.13	1.11	1.16	1.13	1.14	
2010	1.24	1.16	1.13	1.17	1.15	1.21	1.17	1.19	
2011	1.32	1.23	1.18	1.24	1.21	1.28	1.26	1.27	
2012	1.34	1.25	1.20	1.27	1.23	1.31	1.28	1.28	
2013	1.33	1.26	1.21	1.30	1.24	1.33	1.28	1.29	
2014	1.34	1.26	1.22	1.31	1.24	1.35	1.29	1.29	
2015	1.33	1.24	1.21	1.30	1.21	1.32	1.26	1.27	
2016	1.33	1.23	1.21	1.30	1.19	1.32	1.25	1.27	
2017	1.39	1.29	1.27	1.37	1.26	1.40	1.33	1.31	
2018	1.47	1.35	1.33	1.44	1.32	1.46	1.37	1.36	
2019	1.52	1.40	1.36	1.48	1.36	1.49	1.40	1.40	
2020	1.59	1.47	1.41	1.53	1.41	1.55	1.44	1.45	
2021	1.67	1.56	1.46	1.60		1.48	1.62	1.50	1.53
2022	1.77	1.66	1.51	1.67		1.56	1.69	1.56	1.61

最后用名义物流业固定资产投资值与以2006年为基期的固定资产投资价格指数相比得到实际物流业固定资产投资值（见表6-6）。

表6-6　“一带一路”沿线省域实际物流业固定资产投资值

年份	内蒙古	辽宁	吉林	黑龙江	上海	浙江	福建	广东	广西
2006	397.60	571.72	191.80	263.46	600.84	864.98	375.37	807.74	229.39
2007	482.98	568.46	232.47	294.67	809.27	728.95	504.19	842.27	307.37
2008	421.13	706.69	259.18	358.30	701.37	670.22	547.84	996.99	391.89
2009	711.38	686.31	382.54	586.46	814.87	913.89	805.53	1 484.20	557.61
2010	895.58	947.56	511.87	679.70	582.97	925.26	1 047.04	1 643.81	756.94
2011	798.46	747.63	415.57	455.77	434.40	901.43	1 001.66	1 435.44	669.77
2012	913.16	871.38	455.26	409.96	387.26	1 095.52	1 192.42	1 458.21	778.52
2013	1 016.30	1 288.29	488.18	429.49	418.69	1 181.10	1 299.60	2 032.88	942.37
2014	1 074.31	1 477.39	647.57	578.02	383.50	1 401.85	1 468.77	2 123.10	1 077.08
2015	1 021.47	1 054.07	817.99	792.71	683.99	1 916.23	1 868.23	2 515.52	1 284.15
2016	1 171.30	548.81	1 002.20	904.48	816.79	2 147.05	2 093.02	2 504.62	1 536.00
2017	936.41	486.61	997.45	931.04	777.84	2 335.62	2 228.59	2 950.45	1 618.52
2018	586.56	382.82	846.62	685.12	806.99	2 691.63	2 303.83	2 709.52	1 843.46
2019	667.75	291.48	811.14	768.41	709.76	3 036.39	1 933.28	2 905.74	2 059.89
2020	582.76	287.47	566.03	757.72	502.47	3 117.86	1 584.80	3 045.84	2 450.72
2021	482.67	317.96	599.22	765.85	583.66	3 102.40	1 594.81	2 989.22	3 144.54
2022	535.89	443.88	818.40	795.97	562.18	2 868.38	1 636.87	2 799.22	3 450.36

年份	海南	重庆	云南	陕西	甘肃	青海	宁夏	新疆	全域
2006	76.15	263.39	404.92	355.24	135.92	70.40	51.26	182.57	5 842.74
2007	84.69	335.01	404.15	374.04	99.26	82.09	47.38	162.31	6 359.54
2008	106.36	386.33	335.26	393.57	105.52	90.51	61.41	212.96	6 745.53
2009	158.74	565.81	520.26	530.00	139.26	106.83	79.96	298.79	9 342.44

续表

年份	内蒙古	辽宁	吉林	黑龙江	上海	浙江	福建	广东	广西
2010	132.76	555.77	867.09	631.09	181.08	121.36	102.92	349.43	10 932.22
2011	76.27	581.23	766.29	651.59	209.33	104.32	83.57	304.50	9 637.23
2012	106.72	667.39	652.60	632.25	249.07	176.68	88.40	341.37	10 476.18
2013	209.27	805.23	939.31	693.20	351.47	217.81	120.56	428.64	12 862.38
2014	262.14	953.25	1 261.36	751.88	641.64	331.99	168.50	583.90	15 186.24
2015	316.73	1 158.96	1 501.34	1 108.78	674.28	317.71	208.24	802.44	18 042.86
2016	350.44	1 330.67	2 130.77	1 216.21	921.80	448.10	285.63	660.04	20 067.92
2017	350.12	1 515.43	2 947.58	1 385.47	756.83	523.05	249.11	1 508.92	22 499.05
2018	255.29	1 605.07	3 189.24	1 481.56	600.48	450.20	196.86	866.11	21 501.36
2019	151.70	1 639.38	3 593.81	1 468.42	708.55	256.97	129.87	799.47	21 932.01
2020	167.78	1 800.32	3 627.22	1 414.91	806.06	293.44	120.95	934.16	22 060.52
2021	188.43	1 743.81	3 549.43	1 141.10	762.92	302.94	127.33	1 050.44	22 446.73
2022	181.21	1 709.75	3 040.09	1 317.90	657.18	297.00	135.72	899.87	22 149.87

（2）方法介绍

①SBM

DEA是一种跨学科的方法，用于评估决策单元在多个输入和输出情况下的相对有效性。该方法不需要对数据进行无量纲化处理或人为设定权重。传统DEA模型包括规模报酬不变（CRS）的CCR模型和规模报酬可变（VRS）的BCC模型。然而，在实际使用中，传统DEA模型逐渐暴露出一些不足之处。首先，传统DEA模型仅考虑径向与角度的效率测度，忽略了投入产出松弛问题。因此，在存在投入产出松弛的情况下，径向的DEA会高估决策单元的效率值；相反，角度的DEA则需忽略投入产出的变化，导致计算结果与实际情况不符，从而产生效率测度的偏差。其次，传统DEA模型计算出的效率值均在（0，1］区间内，当多个决策单元效率值均为1时，传统DEA模型无法进行深入比较和评价。此外，传统DEA模型无法评估包含非期望产出的情况。在实际生产过程中，污染物排放是不可避免的，随着环保意识的增强，绿色生产成为最有效率的生产方式，越来越多的学者将环境因素作为非期望产出来考虑。

为了改进传统DEA模型，Tone（2001）提出了一种基于松弛变量的测量方法——SBM（Slack-Based Measure）模型。该模型在目标函数中直接添加了松弛向量，考虑了实际利润最大化的问题，克服了传统DEA模型无法处理无效决策单元（DMU）松弛变量的局限性。与传统DEA模型不同，SBM模型具有非径向和非角度效率测度的特点。

为了解决环境因素导致的非期望产出问题，Tone（2002）在SBM模型的基础上构建了非期望产出SBM模型。这一改进使得该模型能够更准确地评估包含非期望产出的系统效率。

假设n个DMU的效率值，记为DMU_j（j=1，2，…，n），每个DMU有m种投入，记为X_{ij}（i=1，2，…，m；j=1，2，…，n）；$q = q1 + q2$种产出，期望产出为$q1$，记为y_{rj}（r=1，2，…，$q1$；j=1，2，…，n），非期望产出为$q2$，记为b_{tj}（t=1，2，…，$q2$；j=1，2，…n），则基于非期望产出的SBM模型为：

$$\rho = \min \frac{1 - \dfrac{1}{m}\sum_{i=1}^{m}\dfrac{S_i^-}{X_{io}}}{1 + \dfrac{1}{q_1 + q_2}\left(\sum_{r=1}^{q_1}\dfrac{S_r^+}{Y_{io}} + \sum_{t=1}^{q_2}\dfrac{S_t^{b-}}{b_{to}}\right)} \tag{6.1}$$

$$s.t\begin{cases}\sum\limits_{j=1,\ j\neq o}^{n} x_{ij}\lambda_j - s_i^- = x_{io}\\ \sum\limits_{j=1,\ j\neq o}^{n} y_{rj}\lambda_j + s_r^+ = y_{ro}\\ \sum\limits_{j=1,\ j\neq o}^{n} b_{tj}\lambda_j - s_t^{b-} = b_{to}\\ \lambda,\ s_i^-,\ s_r^+,\ s_t^{b-} \geqslant 0\end{cases}$$

式中：

ρ——碳排放效率值；

s_i^-——投入的松弛变量；

s_r^+——期望指标的松弛变量；

s_t^{b-}——非期望产出的松弛变量。

②SBM-Malmquist指数模型

SBM模型用来测算生产中某个静态时间的效率，但是为了更加客观地分析决策单元的效率变化情况，则需要借助Malmquist方法与SBM模型相结合，对生产的动态效率进行测算，通过计算得到的具体数值观察效率的走向，以此制定更好的政策建议，提高物流效率。基于t时期和$t+1$时期的Malmquist指数可表示为：

$$M_{\text{SBM}}^{t,\ t+1} = \sqrt{\frac{\rho^{t}(x^{t+1},\ y^{t+1},\ b^{t+1})}{\rho^{t}(x^{t},\ y^{t},\ b^{t})} \times \frac{\rho^{t+1}(x^{t+1},\ y^{t+1},\ b^{t+1})}{\rho^{t+1}(x^{t},\ y^{t},\ b^{t})}} \tag{6.2}$$

若规模报酬可变，可以对$TFPch$的变动进行分解，公式为：

$$M = TFPch = EFFch \times TEch = SEch \times PEch \times TEch$$

式中：

$TFPch$——全要素生产率；

$EFFch$——综合技术效率；

$TEch$——技术进步指数，大于1代表技术进步，反之则是技术退步；

$SEch$——纯技术效率指数，大于1代表技术运用水平提高了，反之则是下降；

$PEch$——规模效率指数，大于1意味着科技得到了有效应用，反之则没有得到有效应用。

6.2.3 物流业碳排放效率核算

本书选取了2006—2022年“一带一路”沿线省域作为研究对象，研究该区域内物流业的碳排放效率。为了全面而准确地评估这一效率，本书采用SBM模型和Malmquist指数模型，分别从静态和动态两个角度对物流业碳排放效率进行测度分析。

（1）静态效率评价结果分析

利用SBM模型，本书从静态角度出发，对“一带一路”沿线省域中的各省域、四个主要区域以及整体的物流业碳排放效率进行了深入测量。综合效率结果如表6-7所示。从整体研究区域来看，2009—2021年，物流业的碳排放效率指数呈现出逐渐上升的趋势。这表明在这段时间内，"一带一路"沿线省域的物流行业在提高能源利用效率和减少碳排放方面取得了显著进展。具体来看，综合效率平均上升了63%，纯技术效率平均上升了97.28%，说明是由于技术进步和管理改进共同推动了整体效率的提升，但是规模效率平均下降了17.9%，说明"一带一路"沿线省域物流业的资源配置不合理。从省域层面来看，研究区域内没有出现高效率区（效率均值大于0.60)。虽然整体上有所进步，但还没有省域达到非常高的效率水平。内蒙古（0.55）和福建（0.50）被归类为中高效率地区，其效率均值位于0.5~0.6之间。这两个省域在物流业碳减排方面表现相对较好，但仍有进一步提升的空间。辽宁（0.47）和浙江（0.44）为中等效率地区，其效率均值在0.4~0.5之间。剩下的省域均被视为低效率地区，其效率均值小于0.4。这些地区的物流业碳排放效率较低，需要采取更为积极的措施来改善。

表6-7 "一带一路"沿线省域物流业碳排放综合效率

年份	内蒙古	辽宁	吉林	黑龙江	上海	浙江	福建	广东	广西
2006	0.34	0.23	0.30	0.27	0.25	0.27	0.53	0.28	0.22
2007	0.35	0.27	0.29	0.28	0.23	0.33	0.50	0.30	0.19
2008	0.41	0.27	0.31	0.30	0.24	0.37	0.44	0.29	0.21
2009	0.36	0.30	0.29	0.23	0.18	0.33	0.39	0.25	0.18
2010	0.38	0.28	0.29	0.26	0.24	0.39	0.38	0.26	0.20
2011	0.45	0.31	0.32	0.24	0.29	0.42	0.38	0.29	0.21
2012	0.34	0.29	0.29	0.24	0.33	0.43	0.39	0.33	0.19
2013	0.36	0.27	0.29	0.23	0.30	0.42	0.37	0.30	0.22
2014	0.39	0.26	0.27	0.21	0.35	0.43	0.39	0.32	0.20
2015	0.41	0.31	0.25	0.19	0.27	0.42	0.40	0.32	0.22
2016	0.52	0.42	0.26	0.19	0.25	0.44	0.42	0.34	0.22
2017	0.64	0.47	0.28	0.21	0.28	0.46	0.44	0.35	0.23
2018	0.80	0.69	0.34	0.26	0.32	0.50	0.46	0.37	0.24

续表

年份	内蒙古	辽宁	吉林	黑龙江	上海	浙江	福建	广东	广西
2019	0.80	1.00	0.34	0.26	0.35	0.55	0.50	0.40	0.26
2020	0.86	1.00	0.38	0.29	0.41	0.50	0.59	0.40	0.27
2021	1.00	1.00	0.40	0.32	0.43	0.56	0.92	0.50	0.31
2022	1.00	0.68	0.46	0.34	0.43	0.60	1.00	0.55	0.30
年份	海南	重庆	云南	陕西	甘肃	青海	宁夏	新疆	全域
2006	0.20	0.27	0.13	0.24	0.29	0.16	0.22	0.19	0.49
2007	0.21	0.26	0.14	0.25	0.37	0.16	0.25	0.22	0.52
2008	0.18	0.27	0.15	0.25	0.39	0.16	0.25	0.21	0.54
2009	0.15	0.26	0.14	0.22	0.34	0.15	0.24	0.20	0.46
2010	0.18	0.26	0.13	0.23	0.32	0.16	0.23	0.20	0.48
2011	0.26	0.28	0.13	0.24	0.31	0.18	0.27	0.23	0.53
2012	0.24	0.28	0.15	0.24	0.26	0.15	0.21	0.22	0.53
2013	0.18	0.23	0.14	0.24	0.19	0.13	0.22	0.21	0.50
2014	0.19	0.25	0.14	0.24	0.16	0.13	0.20	0.22	0.50
2015	0.18	0.23	0.15	0.23	0.16	0.13	0.19	0.22	0.50
2016	0.18	0.24	0.14	0.27	0.16	0.12	0.18	0.27	0.51
2017	0.20	0.24	0.15	0.29	0.18	0.12	0.18	0.26	0.53
2018	0.23	0.30	0.16	0.29	0.20	0.12	0.18	0.36	0.59
2019	0.33	0.32	0.17	0.32	0.22	0.13	0.21	0.39	0.63
2020	0.30	0.33	0.17	0.37	0.20	0.13	0.23	0.34	0.65
2021	0.39	0.38	0.20	0.42	0.24	0.15	0.26	0.38	0.74
2022	0.40	0.44	0.21	0.47	0.29	0.15	0.25	0.42	0.80

由表6-8可知，在研究期间，东南地区和东北地区在碳排放效率方面表现出了明显的优势，相较于西北地区和西南地区，这两个地区的物

流业碳排放效率更高。具体来看，东南地区的碳排放效率均值达到了0.66，这意味着该地区的物流业在能源消耗和碳排放方面相对更为高效。东北地区的碳排放效率均值为0.62，显示出该地区在物流业的能源使用和碳排放控制上也取得了较好的成绩。相比之下，西北地区的碳排放效率稍低，均值为0.58，而西南地区的碳排放效率最低，仅为0.38，表明西南地区在物流业的能源利用和碳排放管理上还有较大的提升空间。

表6-8　　**2006—2022年四个区域物流业碳排放效率**

年份	东北地区	东南地区	西北地区	西南地区
2006	0.49	0.54	0.49	0.37
2007	0.55	0.57	0.52	0.36
2008	0.54	0.60	0.56	0.39
2009	0.50	0.48	0.49	0.34
2010	0.51	0.54	0.49	0.34
2011	0.56	0.63	0.54	0.37
2012	0.53	0.66	0.48	0.37
2013	0.50	0.59	0.48	0.35
2014	0.46	0.62	0.46	0.34
2015	0.48	0.59	0.46	0.35
2016	0.52	0.61	0.51	0.34
2017	0.56	0.63	0.55	0.35
2018	0.73	0.67	0.66	0.38
2019	0.78	0.73	0.71	0.41
2020	0.92	0.77	0.72	0.42
2021	1.00	0.92	0.82	0.48
2022	0.90	1.00	1.00	0.51
均值	0.62	0.66	0.58	0.38

通过观察图6-1，我们可以发现东北地区、东南地区和西北地区物流业碳排放效率的变化趋势具有一定的相似性。这些地区的物流业碳排放效率随着时间的推移呈现出逐步提升的趋势，显示出这些地区在物流业的可持续发展方面正在取得进展。

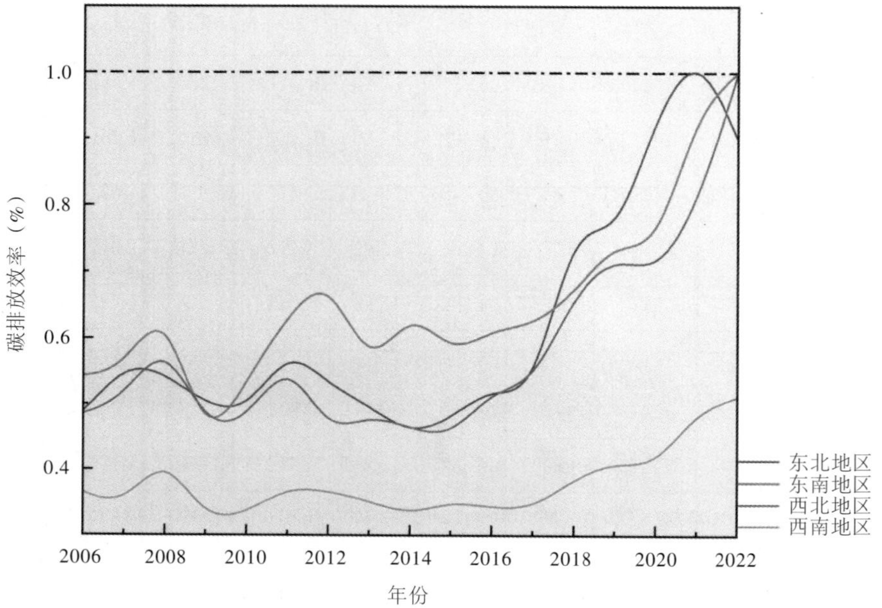

图6-1　2006—2022年四大区域物流业碳排放效率变化趋势

东北地区在研究期间最先达到了综合效率值为1，这意味着该地区的物流业在资源配置上已经达到了最优状态，实现了效率最大化。东南地区和西北地区也随后达到了DEA有效的状态，表明这些地区的物流业在资源利用效率上也实现了显著的提升，资源配置趋向于最优化。

从图6-2（a）中可以清晰地观察到，黑龙江在研究期间的碳排放效率值是所有研究对象中最低的，紧随其后的是吉林。这一现象表明，尽管黑龙江和吉林两省在2016年之后碳排放效率有所提升，但在整个研究期间内，它们的碳排放效率仍未达到DEA的有效状态。这意味着在这段时间里，两省的物流业在资源配置和技术水平方面存在不足，需要进一步改进和优化。具体来看，黑龙江和吉林两省的碳排放效率虽然呈现出逐渐增长的趋势，但增长速度相对较慢，且始终未能突破DEA

有效性的门槛。这可能与两省在物流业发展中面临的结构性问题有关，从而导致碳排放效率低下。辽宁的碳排放效率从2014年开始逐步上升，特别是在2017—2019年间出现了显著的急速上升，效率值达到了1，辽宁在此期间实现了DEA有效。这一显著的提升可能与辽宁在2018年后对物流业固定资产投资的调整有关。通过分析数据，我们发现辽宁在此前的资产投资可能存在过剩的情况，而通过调整资源配置，使得资源利用更加合理，从而显著提升了整体效率。

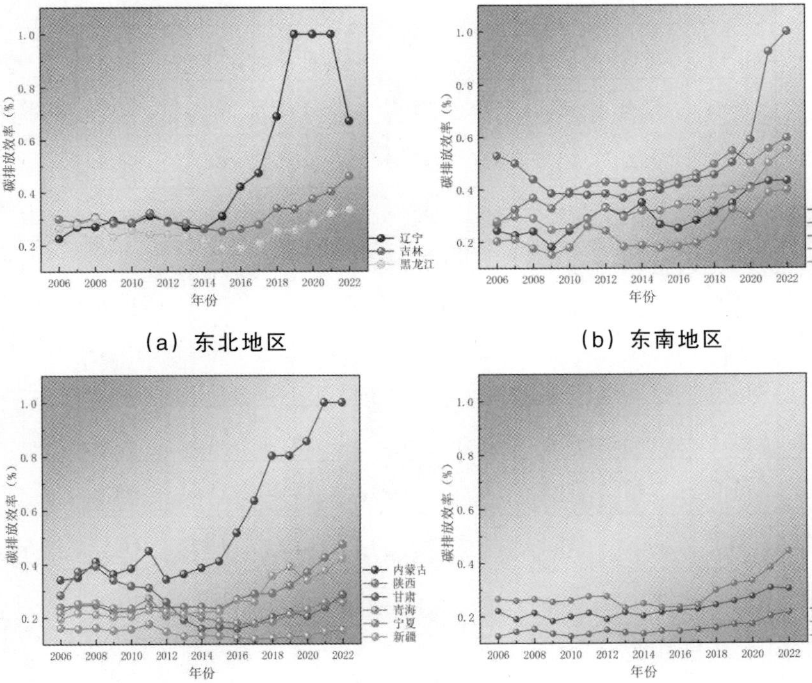

（a）东北地区　（b）东南地区

（c）西北地区　（d）西南地区

图6-2　2006—2022年四大区域物流业碳排放效率点线图

相较于其他三个区域，在研究期间内，东南地区的部分省域碳排放效率波动幅度较大。具体来看，该地区只有福建在2022年达到了DEA有效状态。福建的碳排放效率呈现出一种“U”形波动，即在研究初期和末期表现出较高的效率，而中间阶段则相对较低。相比之下，浙江、上海和海南的碳排放效率则近似呈现一个倒“U”形波动，意味着这些地区在研究初期和中期表现较好，但在后期有所下降。这种不同的波动模式表明，东南地区省域间的物流业发展存在显著的不均衡性。一方面，福建在2022年的高效表现可能得益于其在绿色物流技术和政策实施方面的积极举措；另一方面，浙江、上海和海南虽然在某些年份表现优异，但未能在整个研究期间保持稳定的高效率。这种差异反映了各地在资源配置、技术创新和政策支持等方面的差异。

观察图6-2（c）可以发现，西北地区在物流业的碳排放效率方面表现出显著的区域差异。其中，仅有一个省域达到了DEA的有效前沿面，这表明该省域在资源利用和环境管理方面相对高效。然而，部分省域在研究期间内的大部分时间里都呈现出碳排放效率下降的趋势，这反映出这些地区在提高能源使用效率和减少碳排放方面面临着严峻挑战。西北地区的多数省域经济发展速度较为缓慢，基础设施建设相对落后，人才流失速度较快。这些问题不仅影响了当地的经济社会发展，也制约了物流业的发展和碳排放效率的提升。虽然2006—2012年内蒙古的碳排放效率呈现出上下波动的趋势，但从2012年开始稳步上升，并在2021年达到了资源配置最优的状态。这一转变可能得益于内蒙古近年来在推动绿色低碳发展方面的努力，包括加大对新能源项目的投资、优化产业结构以及实施严格的环保政策等措施。相比之下，陕西、新疆和宁夏三个省域2006—2014年的碳排放效率波动趋势相似，但在2014年后出现了明显分化。宁夏的碳排放效率进入下坡路，而陕西和新疆的碳排放效率则开始上升，并且陕西的上升速度大于青海。

西南地区的碳排放效率一直保持在较低水平。尽管重庆在2017年之后碳排放效率呈现出较为明显的上升趋势，相较于广西与云南，其发展态势更为乐观，但是与国内其他区域的部分省域相比，仍然存在较大的差距。广西和云南在2006—2016年的碳排放效率则呈现出轻微的波动趋势，虽然从2017年开始出现了微微的上升，但总体上发展较慢，这可能与其产业结构和能源利用效率有关。

（2）动态效率评价结果分析

利用Malmquist指数模型，我们进一步从动态视角审视2006—2022年物流业碳排放效率的变化趋势。

东北地区*TFPch*、*TEch*和*EFFch*的均值大于1（见表6-9），表明总体物流业碳排放效率处于提高阶段。*TFPch*的均值大于1，表明在研究期间，东北地区物流业的整体生产率得到了显著提升。这不仅反映了物流业在资源配置、运营效率和管理水平上的改进，也表明了物流业在适应市场需求和技术创新方面取得了积极成效。全要素生产率的提升有助于降低物流成本，提高物流服务质量，从而增强东北地区物流业的竞争力。*TEch*的均值大于1显示了技术进步在推动物流业发展中的重要作用。技术变化的正向增长意味着东北地区物流业在新技术的应用、旧技术的改进以及创新能力的提升方面取得了显著成就。信息技术的广泛应用、自动化和智能化设备的引入、物流管理软件的升级等，提高了物流效率，降低了运营成本。*EFFch*的均值大于1表明东北地区物流业的技术效率得到了提升。效率变化的正增长意味着物流业在资源利用、能源消耗和环境影响方面变得更加高效。东北地区得益于更合理的物流网络规划、更高效的运输方式选择、更精确的库存管理等，从而减少了能源消耗和碳排放，实现了绿色物流。

表6-9　东北地区2006—2022年物流业碳排放效率动态评价

时期	*TFPch*	*TEch*	*EFFch*	*SEch*	*PEch*
2006—2007	1.12	0.95	1.17	1.17	1.00
2007—2008	0.99	0.99	1.00	1.00	1.00
2008—2009	0.93	0.93	1.00	1.00	1.00
2009—2010	1.00	1.00	1.00	1.00	1.00
2010—2011	1.11	1.11	1.00	1.00	1.00
2011—2012	0.95	1.18	0.80	0.80	1.00
2012—2013	0.93	0.92	1.01	1.01	1.00
2013—2014	0.94	1.05	0.89	0.89	1.00
2014—2015	1.04	0.98	1.07	1.07	1.00
2015—2016	1.07	0.82	1.30	1.30	1.00
2016—2017	1.08	1.08	1.00	1.00	1.00

续表

时期	*TFPch*	*TEch*	*EFFch*	*SEch*	*PEch*
2017—2018	1.31	1.31	1.00	1.00	1.00
2018—2019	1.07	1.07	1.00	1.00	1.00
2019—2020	1.18	1.18	1.00	1.00	1.00
2020—2021	1.08	1.08	1.00	1.00	1.00
2021—2022	0.90	0.90	1.00	1.00	1.00
均值	1.04	1.03	1.01	1.01	1.00

东南地区 ***TFPch*** 和 ***TEch*** 的均值均大于1（见表6-10），说明该区域物流业的生产效率和技术水平在研究期间得到了显著提高。随着信息化和智能化的发展，这些技术优化了业务流程，提高了物流效率，降低了成本，并增强了客户服务体验。但是，***EFFch***、***SEch*** 和 ***PEch*** 都等于1，表明虽然技术进步显著，但在技术效率、规模效率和纯技术效率方面并没有观察到显著变化。这意味着尽管技术进步带来了生产率的提升，但物流业在资源配置、运营效率和管理实践方面并未实现同步的优化。因此，政府和行业管理者应关注如何更有效地利用现有技术，并通过管理改进以及资源的优化配置来提升效率。可以通过加强区域协作和整合物流资源，以促进东南地区物流业的发展，具体措施包括建立区域物流联盟和物流公共信息平台，打破地方封锁和部门分割，从而优化通行环境，支持物流企业跨地区、跨部门的资源整合。政府应扶持共性技术的研发与推广，而物流企业则需加强先进物流技术和装备的应用。通过这些努力，可以推进物流业的供给侧结构性改革，降低物流成本，提高物流效率。

表6-10　**东南地区2006—2022年物流业碳排放效率动态评价**

时期	*TFPch*	*TEch*	*EFFch*	*SEch*	*PEch*
2006—2007	1.05	1.05	1.00	1.00	1.00
2007—2008	1.06	1.06	1.00	1.00	1.00

续表

时期	*TFPch*	*TEch*	*EFFch*	*SEch*	*PEch*
2008—2009	0.80	0.80	1.00	1.00	1.00
2009—2010	1.11	1.11	1.00	1.00	1.00
2010—2011	1.17	1.17	1.00	1.00	1.00
2011—2012	1.05	1.05	1.00	1.00	1.00
2012—2013	0.89	0.89	1.00	1.00	1.00
2013—2014	1.05	1.05	1.00	1.00	1.00
2014—2015	0.96	0.96	1.00	1.00	1.00
2015—2016	1.03	1.03	1.00	1.00	1.00
2016—2017	1.03	1.03	1.00	1.00	1.00
2017—2018	1.07	1.07	1.00	1.00	1.00
2018—2019	1.09	1.09	1.00	1.00	1.00
2019—2020	1.05	1.05	1.00	1.00	1.00
2020—2021	1.20	1.20	1.00	1.00	1.00
2021—2022	1.09	1.09	1.00	1.00	1.00
均值	1.04	1.04	1.00	1.00	1.00

西北地区整体生产效率的提升意味着其物流业在资源配置、运营管理等方面实现了优化，能够以更低的成本、更少的资源消耗完成更多的物流任务，这对于降低物流成本、提高物流服务的竞争力具有重要意义（见表6-11）。技术进步的体现则在于新技术的应用和创新。技术效率的提升则表明西北地区物流企业在现有技术条件下，通过改进管理、优化流程等方式，实现了资源利用的最大化。纯技术效率的提升反映了物流企业在非规模因素上的改进，如员工技能提升、管理水平提高等。

表6-11　**西北地区2006—2022年物流业碳排放效率动态评价**

时期	*TFPch*	*TEch*	*EFFch*	*SEch*	*PEch*
2006—2007	1.07	1.07	1.00	1.00	1.00
2007—2008	1.08	1.08	1.00	1.00	1.00
2008—2009	0.86	0.86	1.00	1.00	1.00
2009—2010	1.00	1.00	1.00	1.00	1.00
2010—2011	1.10	1.10	1.00	1.00	1.00
2011—2012	0.89	1.23	0.72	0.72	1.00
2012—2013	0.99	0.90	1.10	1.10	1.00
2013—2014	0.98	1.05	0.93	0.93	1.00
2014—2015	1.00	0.98	1.02	1.02	1.00
2015—2016	1.10	0.84	1.32	1.32	1.00
2016—2017	1.08	1.08	1.00	1.00	1.00
2017—2018	1.19	1.19	1.00	1.00	1.00
2018—2019	1.08	1.08	1.00	1.00	1.00
2019—2020	1.01	1.01	1.00	1.00	1.00
2020—2021	1.14	1.14	1.00	1.00	1.00
2021—2022	1.23	1.23	1.00	1.00	1.00
均值	1.05	1.05	1.00	1.00	1.00

西南地区在研究期间内的大部分时期*EFFch*和*SEch*的均值小于1（见表6-12），说明该地区的资源利用效率变差了，物流业的运行规模存在“不经济”的问题。整体来看，*TFPch*大于1表明西南地区物流业的全要素生产率有所提高。随着技术进步、管理改善或资源配置优化，整体生产效率有所提升。纯技术效率的变化小于1，表明物流企业在技术效率方面有所退步，可能是由于生产技术的不当使用、管理不善或操作效率降低等原因造成的。规模效率的变化也小于1，说明在规模效率方面同样存在下降，西南地区物流业尚未在最优规模下运营。

表6-12　西南地区2006—2022年物流业碳排放效率动态评价

时期	*TFPch*	*TEch*	*EFFch*	*SEch*	*PEch*
2006—2007	0.99	1.03	0.95	0.95	1.00
2007—2008	1.09	1.00	1.10	1.10	1.00
2008—2009	0.86	0.87	0.99	0.99	1.00
2009—2010	0.99	1.05	0.95	0.95	1.00
2010—2011	1.08	1.10	0.99	0.99	1.00
2011—2012	1.00	1.10	0.91	0.91	1.00
2012—2013	0.96	0.90	1.06	1.06	1.00
2013—2014	0.96	1.06	0.91	0.91	1.00
2014—2015	1.03	0.99	1.04	1.04	1.00
2015—2016	0.99	1.03	0.96	0.96	1.00
2016—2017	1.01	1.03	0.98	0.98	1.00
2017—2018	1.10	1.07	1.02	1.02	1.00
2018—2019	1.06	1.08	0.98	0.98	1.00
2019—2020	1.03	1.04	1.00	1.00	1.00
2020—2021	1.14	1.18	0.97	0.97	1.00
2021—2022	1.07	1.07	0.99	0.99	1.00
均值	1.02	1.03	0.99	0.99	1.00

6.3　本章小结

本章对"一带一路"沿线省域物流业的碳排放效率进行了详细测算。研究结果显示，尽管"一带一路"沿线省域物流业的碳排放效率在逐步增长，但大部分省域仍未达到资源配置最优的状态，说明在这些省域的物流活动中，仍存在一定程度的资源浪费和效率提升空间。为了进一步提高物流业的碳排放效率，实现更加绿色和高效的物流运作，应该采取一系列措施来合理分配资源，减少部分资源的浪费。例如，通过优化物流网络布局、提高运输工具的能效、推广使用清洁能源等手段，可以有效降低物流过程中的碳排放量，同时提升整体的物流效率。此外，还可以加强政策引导和支持，鼓励企业采用先进的物流技术和管理模式，以促进整个行业的可持续发展。本章为后续提出优化物流结构、促进物流业绿色发展政策建议奠定了基础。

第7章 “一带一路”沿线省域物流业碳排放影响因素分解研究

通过前面对“一带一路”沿线省域物流业碳排放的测算，初步了解2006—2022年期间物流业碳排放的演变特征，研究发现目前物流业尚未达到碳达峰目标，因此通过挖掘影响物流业碳排放的影响因素，有助于尽早实现碳达峰目标。本章在此基础上，采用广义迪氏指数分解法（GDIM）对“一带一路”物流业碳排放驱动因素进行分解，分析各因素对物流业碳排放的作用方向和大小，从而发现影响物流业碳排放的主要因素，为后续的碳达峰预测和路径分析提供依据。

7.1 影响因素选取与数据来源

7.1.1 影响因素指标选取

物流业碳排放量的增加不是由某一个因素决定的，而是许多因素共同作用的结果。现有的对碳排放影响因素指数分解的研究大多是采用KAYA模型和IPAT模型或者LMDI模型进行因素分解，对影响因素的选择比较固定，但不够全面，主要是从经济水平、能源消费强度、能源强度等方面进行分析。根据马晓君等（2019）的研究，经济水平是引致碳排放的正向驱动作用最强的因素，经济水平一般用增加值来表示，由于我国经济增长仍然需要依赖化石能源的消耗，因此经济水平的变化必然会导致二氧化碳排放的变化。能源消费强度是指每单位能源消耗释放的二氧化碳，由于能源的燃烧效率和质量短期内不会有显著变化，Shao等（2016）假定每种燃料的排放系数在其研究期间内保持恒定，这样能源消费碳强度的变化实际上反映的是能源消费结构的变化，清洁低碳能源占比越大，能源消费强度就越小。能源强度即能源消耗量与经济水平的比值，是反映能源综合利用效率，能源强度越低，在相同经济产出下的能源消耗量就越少，说明能源利用效率高，用于衡量能源利用技术发展水平。其次，产出碳强度是单位增加值的所产出的二氧化碳，是衡量低碳发展的重要指标，Minx等（2011）已经证明产出碳强度是碳排放的重要影响因素，尤其在结构分解中运用比较多，在指数分解中运用比较少。

另外，经济快速增长的重要因素之一是投资活动的增加，固定资产投资规模的扩张会带来生产规模的扩大，带动经济的增长，导致能源消耗的增长，同时带来碳排放量的增长，从而进入一种“固定资产投资—经济增长—能源消耗—碳排放”的经济发展模式。同时，投资碳强度即单位固定资产投资所释放的二氧化碳，直接反映投资低碳化程度，投资碳强度越低，说明固定资产投资在低碳化方面的程度越高，更多的资金被用于购置低碳设备或节能减排设备，这将带来更少的二氧化碳排放。此外，投资效率也是影响碳排放的重要影响因素之一，因为我国资本市场起步较晚，其相关配套体系尚不完善，粗放式的投资拉动型发展方式导致固定资产投资长期保持高速增长，从而导致资本边际生产率逐渐降低，造成大量效率损失，投资效率降低则会引起碳排放的增加，特别是对于资金和劳动密集型的物流相关产业，表现出的能源消耗和碳排放会更加显著。若实现投资效率的增加，那么就会促进物流业碳排放降低。总的来说，投资规模、投资碳强度和投资效率也对碳排放有着不可忽视的重要影响。

人口规模直接影响碳排放量，人口规模大意味着有更多的经济活动和能源消耗，从而导致更多的二氧化碳排放。而人均碳排放是指单位人口所产生的碳排放量，它受到多种因素的综合影响，包括经济发展水平、能源结构和产业结构等。因此，考虑人口规模和人均碳排放作为碳排放的影响因素是更加全面和合理的。

结合本书研究对象的特点，选取经济水平、能源消费总量、固定资产投资、人口数量四个绝对量影响因素和产出碳强度、能源消费碳强度、投资碳强度、人均碳排放、投资效率、能源强度六个相对量影响因素，作为“一带一路”沿线省域物流业碳排放的影响因素。具体的变量定义见表7-1。

表7-1　**变量定义表**

变量	符号	含义	单位
碳排放量	CO_2	物流业二氧化碳排放总量	万吨
经济水平	A	物流业增加值	亿元
能源规模	E	物流业能源消费总量	万吨标准煤
投资规模	I	物流业固定资产投资	亿元
人口规模	P	年末常住人口总数	万人
产出碳强度	CA	单位增加值的二氧化碳排放量	万吨/亿元
能源消费碳强度	CE	单位能源消费产生的二氧化碳排放量	万吨/万吨标准煤
投资碳强度	CI	单位固定资产投资的二氧化碳排放量	万吨/亿元
人均碳排放量	CP	人均二氧化碳排放量	万吨/万人
投资效率	AI	单位固定资产投资的增加值	亿元/亿元
能源强度	EA	单位增加值所需的能源消耗量	万吨/亿元

7.1.2　数据来源

本章2006—2022年“一带一路”沿线省域物流业碳排放能源消耗量均来自《中国能源统计年鉴》的各省域能源平衡表中的交通运输、仓储和邮政业（实物量）；各省域物流业增加值、物流业固定资产投资和人口规模均来自《中国统计年鉴》的地区生产总值表、按行业分固定资产投资（不含农户）表和分地区年末人口数表。

其中，产出碳强度、能源消费碳强度、投资碳强度、人均碳排放量、投资效率和能源强度都是计算所得，计算过程如下所示。

产出碳强度是由碳排放量（见表4-3）与物流业增加值（见表7-2）相比得到的（见表7-3）。

表7-2 **物流业增加值**

年份	内蒙古	辽宁	吉林	黑龙江	上海	浙江	福建	广东	广西
2006	426.16	565.67	236.82	325.08	669.01	630.94	537.11	1 113.77	261.14
2007	494.35	661.83	263.58	366.46	726.54	739.44	590.82	1 237.51	266.70
2008	580.86	721.40	298.90	381.01	739.62	827.71	638.68	1 338.36	311.91
2009	629.07	769.73	319.82	387.49	676.02	888.02	669.97	1 403.54	334.96
2010	702.67	855.94	351.81	419.53	784.18	1 076.67	747.69	1 562.14	397.70
2011	801.04	941.28	383.96	452.68	826.29	1 206.95	786.57	1 748.35	429.99
2012	882.75	1016.30	411.99	491.61	867.68	1 278.91	844.78	1 967.42	430.76
2013	929.53	1 082.36	437.53	514.02	876.36	1 336.46	914.05	2 114.19	474.96
2014	980.66	1 134.31	454.16	540.75	958.74	1 436.70	1 012.76	2 342.10	510.01
2015	1 016.94	1 193.30	466.88	550.65	1 025.85	1 538.70	1100.87	2 485.43	555.96
2016	1 060.67	1 215.97	484.10	561.66	1 090.48	1 624.87	1180.91	2 688.74	588.54
2017	1 166.74	1 284.06	508.79	601.54	1 209.34	1 732.11	1280.46	2 926.42	620.50
2018	1 227.41	1 317.45	525.58	625.60	1 342.37	1 818.71	1344.74	3 109.91	663.13
2019	1 280.19	1 350.39	533.99	662.51	1 390.70	1 946.02	1 470.07	3 319.52	701.59
2020	1 252.02	1 277.47	536.13	660.53	1 273.88	1 949.92	1 539.45	3 205.99	689.03
2021	1 368.46	1 350.03	583.84	715.61	1 445.85	2 195.61	1 775.30	3 678.56	799.55
2022	1 416.36	1 360.83	527.80	748.53	1 328.74	2 171.45	1 787.73	3 471.45	789.96
年份	海南	重庆	云南	陕西	甘肃	青海	宁夏	新疆	全域
2006	73.81	259.59	175.98	281.54	169.58	35.27	50.46	165.60	5 977.52

续表

年份	海南	重庆	云南	陕西	甘肃	青海	宁夏	新疆	全域
2007	81.34	292.04	202.57	316.45	183.55	39.64	55.96	175.70	6 694.49
2008	85.65	332.05	209.42	349.68	201.62	41.15	62.17	190.99	7 311.17
2009	88.39	343.01	227.83	386.39	206.72	44.85	64.85	204.36	7 645.01
2010	98.11	390.34	250.24	423.87	218.13	49.20	71.72	220.50	8 620.45
2011	117.15	445.38	272.41	472.20	230.93	54.67	79.11	258.65	9 507.59
2012	123.82	486.35	302.11	514.69	243.56	57.67	86.54	320.98	10 327.93
2013	124.07	538.88	334.71	525.50	246.49	60.04	91.21	358.86	10 959.22
2014	132.76	578.76	361.18	570.70	241.60	65.32	93.40	416.63	11 830.54
2015	142.71	629.11	392.78	591.24	244.91	66.56	91.07	475.38	12 568.36
2016	151.99	665.60	418.08	638.54	247.44	70.22	92.16	540.51	13 320.48
2017	166.28	723.50	459.89	690.26	272.06	75.70	91.98	638.88	14 448.52
2018	180.74	770.53	491.07	738.58	292.87	79.26	86.09	767.29	15 381.34
2019	206.59	823.70	532.32	788.80	316.30	79.97	90.65	811.80	16 305.11
2020	202.87	822.05	530.72	810.10	300.14	77.81	94.46	695.71	15 918.28
2021	263.12	913.30	608.21	868.75	334.17	91.10	105.89	796.59	17 893.94
2022	251.81	905.08	625.24	894.90	396.33	98.30	106.10	835.62	17 716.21

表7-3　**产出碳强度**

年份	内蒙古	辽宁	吉林	黑龙江	上海	浙江	福建	广东	广西
2006	3.61	4.63	3.26	3.57	5.08	3.05	1.64	3.68	4.70
2007	3.56	4.40	3.60	3.31	5.30	2.83	1.73	3.65	5.03
2008	3.48	4.34	3.65	2.75	5.38	2.61	2.11	3.64	4.10
2009	3.73	4.21	3.32	3.19	5.95	2.50	2.19	3.65	4.69
2010	3.82	3.77	3.16	2.76	5.45	2.24	2.26	3.60	4.06
2011	3.69	3.72	2.97	4.34	5.04	2.18	2.30	3.41	4.03

续表

年份	内蒙古	辽宁	吉林	黑龙江	上海	浙江	福建	广东	广西
2012	3.89	3.65	2.86	4.14	4.88	2.16	2.21	3.17	4.34
2013	2.71	3.23	2.88	4.45	4.84	2.18	2.08	2.79	3.12
2014	2.59	3.33	3.05	4.53	4.41	2.08	2.03	2.64	3.64
2015	2.56	3.31	3.12	4.60	4.32	2.08	1.97	2.60	3.49
2016	1.66	3.35	2.94	4.44	4.51	2.00	1.96	2.53	3.41
2017	1.57	3.25	2.75	3.99	4.45	1.96	1.93	2.54	3.56
2018	1.51	3.15	2.38	3.48	3.95	1.85	1.96	2.46	3.46
2019	1.49	3.07	2.38	3.40	3.96	1.65	1.94	2.37	3.19
2020	1.44	2.93	2.31	3.05	3.64	1.71	1.70	2.19	2.80
2021	1.45	2.94	2.24	2.71	3.36	1.61	1.57	1.87	2.63
2022	1.39	2.65	1.78	2.64	3.07	1.60	1.49	1.64	2.67

年份	海南	重庆	云南	陕西	甘肃	青海	宁夏	新疆	全域
2006	4.70	2.93	7.30	3.81	3.64	4.17	5.61	5.79	3.86
2007	4.64	3.15	6.86	4.21	3.54	4.62	5.35	5.73	3.86
2008	7.47	3.16	6.82	4.72	3.48	4.63	4.77	5.26	3.81
2009	7.62	2.90	6.44	5.12	3.60	4.86	4.73	4.75	3.88
2010	6.33	3.09	7.30	4.85	3.75	4.96	4.68	4.72	3.71
2011	5.64	2.93	7.19	4.63	3.70	4.90	4.43	4.41	3.64
2012	5.43	3.16	6.93	4.36	3.87	4.92	4.33	4.06	3.56
2013	4.99	3.15	5.94	3.35	5.05	4.91	4.50	4.45	3.25
2014	4.41	2.77	6.25	3.24	5.25	4.81	4.61	4.10	3.17
2015	4.29	3.02	5.58	3.07	4.96	5.14	4.88	4.29	3.13
2016	3.92	3.04	5.52	2.60	4.84	5.56	4.84	3.94	2.99
2017	3.82	2.97	5.13	2.44	4.54	5.82	4.82	3.56	2.90

续表

年份	内蒙古	辽宁	吉林	黑龙江	上海	浙江	福建	广东	广西
2018	3.42	2.54	5.45	2.52	4.13	6.18	4.62	3.04	2.74
2019	3.07	2.47	5.49	2.36	3.91	6.28	4.80	2.87	2.65
2020	3.15	2.30	5.35	2.04	4.12	6.23	4.59	2.74	2.48
2021	2.61	2.10	4.75	2.00	3.76	6.00	4.10	2.60	2.29
2022	2.45	1.80	4.38	1.81	3.38	5.84	4.10	2.50	2.12

能源消费碳强度是由碳排放量（见表4-3）与能源消耗总量（见表7-4）相比得到的（见表7-5）。

表7-4　**能源消耗总量**

年份	内蒙古	辽宁	吉林	黑龙江	上海	浙江	福建	广东	广西
2006	696.40	1 187.86	278.59	503.89	1 533.36	886.65	390.48	1 874.41	567.65
2007	797.68	1 327.66	372.29	533.25	1 737.35	959.44	455.52	2 066.34	621.07
2008	912.59	1 334.95	416.15	426.85	1 790.92	981.83	603.20	2 226.85	586.06
2009	1 042.48	1 400.33	420.54	541.92	1 810.05	1 008.99	658.98	2 334.10	718.27
2010	1 161.00	1 439.52	444.76	509.78	1 909.48	1 090.70	737.49	2 551.14	742.61
2011	1 278.86	1 558.70	464.71	834.36	1 852.21	1 185.34	789.58	2 683.12	792.35
2012	1 466.22	1 649.07	485.09	886.37	1 885.19	1 244.96	816.51	2 809.72	854.40
2013	1 022.05	1 527.04	511.18	982.00	1 886.22	1 297.78	833.78	2 611.29	669.75
2014	1 008.80	1 646.98	564.23	1 054.63	1 880.52	1 322.61	907.58	2 735.32	839.28
2015	1 021.57	1 713.12	583.00	1 086.81	1 973.93	1 402.65	958.93	2 851.91	861.68
2016	704.42	1 757.37	557.40	1 053.20	2 199.09	1 409.44	1 023.02	3 102.91	890.66
2017	687.80	1 774.82	552.81	1 019.60	2 401.51	1 469.66	1 079.30	3 242.65	971.12
2018	651.75	1 755.43	468.86	941.70	2 345.05	1 439.71	1 147.01	3 306.88	941.86
2019	672.98	1 747.89	466.85	930.93	2 438.61	1 342.56	1 235.16	3 366.05	910.63
2020	624.90	1 544.91	451.88	806.71	2 016.73	1 396.27	1 123.11	2 960.75	766.17

续表

年份	内蒙古	辽宁	吉林	黑龙江	上海	浙江	福建	广东	广西
2021	689.82	1642.30	478.87	773.68	2118.45	1452.16	1187.54	2822.16	808.62
2022	648.10	1495.81	298.28	790.83	1747.86	1405.18	1127.17	2223.26	885.71
年份	海南	重庆	云南	陕西	甘肃	青海	宁夏	新疆	全域
2006	149.43	342.43	577.90	427.85	233.61	65.24	119.28	400.86	10 235.89
2007	162.45	413.84	624.19	532.92	230.88	81.01	125.70	414.77	11 456.39
2008	240.74	470.61	641.52	654.79	243.58	78.76	123.93	427.26	12 160.60
2009	270.24	428.12	659.20	768.57	255.51	92.31	114.15	412.10	12 935.86
2010	285.37	522.11	826.96	823.19	281.42	103.51	133.72	444.05	14 006.82
2011	297.89	552.51	883.15	878.76	299.59	108.36	130.88	484.18	15 074.56
2012	301.32	623.65	944.07	893.86	337.97	109.84	135.50	548.08	15 991.83
2013	275.17	695.00	897.17	681.14	466.96	111.40	151.24	648.89	15 268.05
2014	265.25	652.14	1 016.02	713.50	471.77	123.59	158.83	671.46	16 032.51
2015	274.20	784.56	982.67	692.26	438.39	127.14	162.02	796.04	16 710.89
2016	264.99	846.72	1 028.93	604.01	422.76	146.87	168.36	835.75	17 015.89
2017	281.45	892.00	1 051.21	607.79	428.92	164.99	176.52	904.87	17 707.02
2018	274.12	799.38	1 185.58	671.26	397.82	183.71	149.08	916.32	17 575.53
2019	279.50	820.37	1 291.92	655.64	397.05	187.02	157.75	904.06	17 804.98
2020	279.96	768.44	1 242.61	548.71	385.67	157.86	151.38	728.47	15 954.52
2021	298.47	764.81	1 274.11	554.09	363.20	174.10	140.76	769.32	16 312.45
2022	264.05	631.60	1 184.92	483.65	395.66	203.07	135.31	770.27	14 690.72

表7-5　　**能源消费碳强度**

年份	内蒙古	辽宁	吉林	黑龙江	上海	浙江	福建	广东	广西
2006	2.21	2.20	2.77	2.31	2.21	2.17	2.26	2.19	2.16
2007	2.20	2.20	2.55	2.27	2.22	2.18	2.24	2.19	2.16

续表

年份	内蒙古	辽宁	吉林	黑龙江	上海	浙江	福建	广东	广西
2008	2.21	2.34	2.62	2.46	2.22	2.20	2.23	2.18	2.18
2009	2.25	2.31	2.53	2.28	2.22	2.20	2.23	2.19	2.19
2010	2.31	2.24	2.50	2.27	2.24	2.22	2.29	2.20	2.18
2011	2.31	2.25	2.45	2.36	2.25	2.22	2.29	2.22	2.19
2012	2.34	2.25	2.43	2.29	2.25	2.22	2.29	2.22	2.19
2013	2.47	2.29	2.46	2.33	2.25	2.25	2.28	2.26	2.21
2014	2.52	2.29	2.46	2.32	2.25	2.26	2.27	2.26	2.21
2015	2.55	2.30	2.50	2.33	2.24	2.28	2.26	2.27	2.25
2016	2.50	2.32	2.55	2.37	2.24	2.31	2.26	2.20	2.25
2017	2.66	2.35	2.53	2.35	2.24	2.31	2.29	2.29	2.27
2018	2.85	2.36	2.67	2.31	2.26	2.34	2.30	2.31	2.43
2019	2.84	2.37	2.72	2.42	2.26	2.39	2.31	2.34	2.45
2020	2.88	2.42	2.74	2.50	2.30	2.39	2.33	2.37	2.52
2021	2.89	2.41	2.73	2.51	2.29	2.44	2.35	2.43	2.60
2022	3.05	2.41	3.14	2.50	2.33	2.48	2.36	2.56	2.38

年份	海南	重庆	云南	陕西	甘肃	青海	宁夏	新疆	全域
2006	2.32	2.22	2.22	2.50	2.64	2.25	2.37	2.39	2.26
2007	2.32	2.23	2.22	2.50	2.81	2.26	2.38	2.43	2.25
2008	2.66	2.23	2.23	2.52	2.88	2.42	2.39	2.35	2.29
2009	2.49	2.32	2.23	2.57	2.91	2.36	2.68	2.36	2.29
2010	2.17	2.31	2.21	2.50	2.91	2.36	2.51	2.34	2.28
2011	2.22	2.36	2.22	2.49	2.85	2.47	2.67	2.35	2.29
2012	2.23	2.46	2.22	2.51	2.79	2.58	2.76	2.38	2.30
2013	2.25	2.44	2.21	2.58	2.67	2.65	2.71	2.46	2.33

续表

年份	内蒙古	辽宁	吉林	黑龙江	上海	浙江	福建	广东	广西
2014	2.21	2.46	2.22	2.59	2.69	2.54	2.71	2.54	2.34
2015	2.23	2.42	2.23	2.62	2.77	2.69	2.74	2.56	2.35
2016	2.25	2.39	2.24	2.74	2.83	2.66	2.65	2.54	2.34
2017	2.26	2.41	2.24	2.77	2.88	2.67	2.51	2.52	2.37
2018	2.25	2.45	2.26	2.77	3.04	2.67	2.67	2.55	2.40
2019	2.27	2.48	2.26	2.84	3.11	2.69	2.76	2.57	2.43
2020	2.29	2.47	2.28	3.01	3.21	3.07	2.87	2.62	2.47
2021	2.30	2.51	2.27	3.13	3.46	3.14	3.08	2.69	2.51
2022	2.34	2.58	2.31	3.35	3.39	2.83	3.21	2.71	2.56

投资碳强度是由物流业碳排放量（见表4-3）与物流业实际固定资产投资值（见表6-6）相比得到的（见表7-6）。

表7-6 **投资碳强度**

年份	内蒙古	辽宁	吉林	黑龙江	上海	浙江	福建	广东	广西
2006	3.87	4.58	4.03	4.41	5.65	2.23	2.35	5.07	5.35
2007	3.64	5.13	4.08	4.11	4.76	2.87	2.03	5.37	4.36
2008	4.79	4.43	4.21	2.93	5.67	3.23	2.46	4.88	3.26
2009	3.30	4.72	2.78	2.11	4.94	2.43	1.83	3.45	2.81
2010	2.99	3.41	2.17	1.71	7.33	2.61	1.61	3.42	2.13
2011	3.71	4.69	2.74	4.31	9.59	2.92	1.81	4.15	2.59
2012	3.76	4.26	2.59	4.96	10.94	2.52	1.57	4.28	2.40
2013	2.48	2.71	2.58	5.32	10.13	2.47	1.46	2.90	1.57
2014	2.37	2.56	2.14	4.24	11.03	2.14	1.40	2.91	1.72
2015	2.55	3.74	1.78	3.20	6.48	1.67	1.16	2.57	1.51
2016	1.51	7.41	1.42	2.76	6.03	1.52	1.11	2.72	1.31

续表

年份	内蒙古	辽宁	吉林	黑龙江	上海	浙江	福建	广东	广西
2017	1.95	8.57	1.40	2.58	6.92	1.46	1.11	2.52	1.36
2018	3.16	10.83	1.48	3.17	6.56	1.25	1.15	2.82	1.24
2019	2.86	14.24	1.57	2.93	7.76	1.06	1.48	2.71	1.09
2020	3.09	13.01	2.19	2.66	9.22	1.07	1.65	2.31	0.79
2021	4.12	12.46	2.18	2.54	8.32	1.14	1.75	2.30	0.67
2022	3.69	8.11	1.14	2.48	7.24	1.21	1.62	2.03	0.61
年份	海南	重庆	云南	陕西	甘肃	青海	宁夏	新疆	全域
2006	4.55	2.89	3.17	3.02	4.54	2.09	5.52	5.25	3.95
2007	4.45	2.75	3.44	3.56	6.54	2.23	6.32	6.20	4.06
2008	6.01	2.72	4.26	4.19	6.65	2.11	4.83	4.72	4.13
2009	4.24	1.76	2.82	3.73	5.34	2.04	3.83	3.25	3.17
2010	4.67	2.17	2.11	3.26	4.52	2.01	3.26	2.98	2.92
2011	8.66	2.25	2.56	3.35	4.09	2.57	4.19	3.74	3.59
2012	6.30	2.30	3.21	3.55	3.78	1.61	4.23	3.81	3.51
2013	2.96	2.11	2.12	2.54	3.54	1.35	3.40	3.73	2.77
2014	2.23	1.68	1.79	2.46	1.98	0.95	2.56	2.92	2.47
2015	1.93	1.64	1.46	1.64	1.80	1.08	2.13	2.54	2.18
2016	1.70	1.52	1.08	1.36	1.30	0.87	1.56	3.22	1.98
2017	1.81	1.42	0.80	1.22	1.63	0.84	1.78	1.51	1.86
2018	2.42	1.22	0.84	1.26	2.02	1.09	2.02	2.70	1.96
2019	4.18	1.24	0.81	1.27	1.74	1.96	3.35	2.91	1.97
2020	3.81	1.05	0.78	1.17	1.53	1.65	3.59	2.04	1.79
2021	3.64	1.10	0.81	1.52	1.65	1.81	3.41	1.97	1.82
2022	3.41	0.95	0.90	1.23	2.04	1.93	3.20	2.32	1.69

人均碳排放量是由物流业碳排放量（见表4-3）与人口数量（见表7-7）相比得到的（见表7-8）。

表7-7 **人口数量** 单位：万人

年份	内蒙古	辽宁	吉林	黑龙江	上海	浙江	福建	广东	广西
2006	2 415	4 271	2 723	3 823	1 964	5 072	3 585	9 442	4 719
2007	2 429	4 298	2 730	3 824	2 064	5 155	3 612	9 660	4 768
2008	2 444	4 315	2 734	3 825	2 141	5 212	3 639	9 893	4 816
2009	2 458	4 341	2 740	3 826	2 210	5 276	3 666	10 130	4 856
2010	2 472	4 375	2 747	3 833	2 303	5 447	3 693	10 441	4 610
2011	2 482	4 383	2 749	3 834	2347	5463	3 720	10 505	4 645
2012	2 464	4 375	2 698	3 724	2 399	5 685	3 841	11 041	4 694
2013	2 455	4 365	2 668	3 666	2 448	5 784	3 885	11 270	4 731
2014	2 449	4 358	2 642	3 608	2 467	5 890	3 945	11 489	4 770
2015	2 440	4 338	2 613	3 529	2 458	5985	3 984	11 678	4 811
2016	2 436	4 327	2 567	3 463	2 467	6072	4 016	11 908	4 857
2017	2 433	4 312	2 526	3 399	2 466	6170	4 065	12 141	4 907
2018	2 422	4 291	2 484	3 327	2 475	6 273	4 104	12 348	4 947
2019	2 415	4 277	2 448	3 255	2 481	6 375	4 137	12 489	4 982
2020	2 403	4 255	2 399	3 171	2 488	6 468	4 161	12 624	5 019
2021	2 400	4 229	2 375	3 125	2 489	6 540	4 187	12 684	5 037
2022	2 401	4 197	2 348	3 099	2 475	6 577	4 188	12 657	5 047
年份	海南	重庆	云南	陕西	甘肃	青海	宁夏	新疆	全域
2006	836	2 808	4 483	3 699	2 547	548	604	2 050	55 589
2007	845	2 816	4 514	3 708	2 548	552	610	2 095	56 228
2008	854	2 839	4 543	3 718	2 551	554	618	2 131	56 827
2009	864	2 859	4 571	3 727	2 555	557	625	2 159	57 420

续表

年份	内蒙古	辽宁	吉林	黑龙江	上海	浙江	福建	广东	广西
2010	869	2 885	4 602	3 735	2 560	563	633	2 185	57 953
2011	877	2 919	4 631	3 743	2 564	568	639	2 209	58 278
2012	910	2 975	4 631	3 787	2 550	571	659	2 253	59 257
2013	920	3 011	4 641	3 804	2 537	571	666	2 285	59 707
2014	936	3 043	4 653	3 827	2 531	576	678	2 325	60 187
2015	945	3 070	4 663	3 846	2 523	577	684	2 385	60 529
2016	957	3 110	4 677	3 874	2 520	582	695	2 428	60 956
2017	972	3 144	4 693	3 904	2 522	586	705	2 480	61 425
2018	982	3 163	4 703	3 931	2 515	587	710	2 520	61 782
2019	995	3 188	4 714	3 944	2 509	590	717	2 559	62 075
2020	1 012	3 209	4 722	3 955	2 501	593	721	2 590	62 291
2021	1 020	3 212	4 690	3 954	2 490	594	725	2 589	62 340
2022	1 027	3 213	4 693	3 956	2 492	595	728	2 587	62 280

表7-8 **人均碳排放量**

年份	内蒙古	辽宁	吉林	黑龙江	上海	浙江	福建	广东	广西
2006	0.64	0.61	0.28	0.30	1.73	0.38	0.25	0.43	0.26
2007	0.72	0.68	0.35	0.32	1.86	0.41	0.28	0.47	0.28
2008	0.83	0.73	0.40	0.27	1.86	0.42	0.37	0.49	0.27
2009	0.96	0.75	0.39	0.32	1.82	0.42	0.40	0.51	0.32
2010	1.08	0.74	0.41	0.30	1.86	0.44	0.46	0.54	0.35
2011	1.19	0.80	0.41	0.51	1.77	0.48	0.49	0.57	0.37
2012	1.39	0.85	0.44	0.55	1.77	0.49	0.49	0.57	0.40
2013	1.03	0.80	0.47	0.62	1.73	0.50	0.49	0.52	0.31
2014	1.04	0.87	0.52	0.68	1.72	0.51	0.52	0.54	0.39
2015	1.07	0.91	0.56	0.72	1.80	0.53	0.54	0.55	0.40

续表

年份	内蒙古	辽宁	吉林	黑龙江	上海	浙江	福建	广东	广西
2016	0.72	0.94	0.55	0.72	1.99	0.54	0.58	0.57	0.41
2017	0.75	0.97	0.55	0.71	2.18	0.55	0.61	0.61	0.45
2018	0.77	0.97	0.50	0.65	2.14	0.54	0.64	0.62	0.46
2019	0.79	0.97	0.52	0.69	2.22	0.50	0.69	0.63	0.45
2020	0.75	0.88	0.52	0.64	1.86	0.52	0.63	0.56	0.38
2021	0.83	0.94	0.55	0.62	1.95	0.54	0.67	0.54	0.42
2022	0.82	0.86	0.40	0.64	1.65	0.53	0.63	0.45	0.42

年份	海南	重庆	云南	陕西	甘肃	青海	宁夏	新疆	全域
2006	0.41	0.27	0.29	0.29	0.24	0.27	0.47	0.47	0.42
2007	0.45	0.33	0.31	0.36	0.25	0.33	0.49	0.48	0.46
2008	0.75	0.37	0.31	0.44	0.27	0.34	0.48	0.47	0.49
2009	0.78	0.35	0.32	0.53	0.29	0.39	0.49	0.45	0.52
2010	0.71	0.42	0.40	0.55	0.32	0.43	0.53	0.48	0.55
2011	0.75	0.45	0.42	0.58	0.33	0.47	0.55	0.52	0.59
2012	0.74	0.52	0.45	0.59	0.37	0.50	0.57	0.58	0.62
2013	0.67	0.56	0.43	0.46	0.49	0.52	0.62	0.70	0.60
2014	0.63	0.53	0.49	0.48	0.50	0.55	0.64	0.73	0.62
2015	0.65	0.62	0.47	0.47	0.48	0.59	0.65	0.86	0.65
2016	0.62	0.65	0.49	0.43	0.47	0.67	0.64	0.88	0.65
2017	0.65	0.68	0.50	0.43	0.49	0.75	0.63	0.92	0.68
2018	0.63	0.62	0.57	0.47	0.48	0.83	0.56	0.93	0.68
2019	0.64	0.64	0.62	0.47	0.49	0.85	0.61	0.91	0.70
2020	0.63	0.59	0.60	0.42	0.49	0.82	0.60	0.74	0.63
2021	0.67	0.60	0.62	0.44	0.50	0.92	0.60	0.80	0.66
2022	0.60	0.51	0.58	0.41	0.54	0.97	0.60	0.81	0.60

投资效率是由实际物流业增加值（见表7-2）与物流业固定资产投资值（见表6-6）相比得到的（见表7-9）。

表7-9 **投资效率**

年份	内蒙古	辽宁	吉林	黑龙江	上海	浙江	福建	广东	广西
2006	1.07	0.99	1.23	1.23	1.11	0.73	1.43	1.38	1.14
2007	1.02	1.16	1.13	1.24	0.90	1.01	1.17	1.47	0.87
2008	1.38	1.02	1.15	1.06	1.05	1.23	1.17	1.34	0.80
2009	0.88	1.12	0.84	0.66	0.83	0.97	0.83	0.95	0.60
2010	0.78	0.90	0.69	0.62	1.35	1.16	0.71	0.95	0.53
2011	1.00	1.26	0.92	0.99	1.90	1.34	0.79	1.22	0.64
2012	0.97	1.17	0.90	1.20	2.24	1.17	0.71	1.35	0.55
2013	0.91	0.84	0.90	1.20	2.09	1.13	0.70	1.04	0.50
2014	0.91	0.77	0.70	0.94	2.50	1.02	0.69	1.10	0.47
2015	1.00	1.13	0.57	0.69	1.50	0.80	0.59	0.99	0.43
2016	0.91	2.22	0.48	0.62	1.34	0.76	0.56	1.07	0.38
2017	1.25	2.64	0.51	0.65	1.55	0.74	0.57	0.99	0.38
2018	2.09	3.44	0.62	0.91	1.66	0.68	0.58	1.15	0.36
2019	1.92	4.63	0.66	0.86	1.96	0.64	0.76	1.14	0.34
2020	2.15	4.44	0.95	0.87	2.54	0.63	0.97	1.05	0.28
2021	2.84	4.25	0.97	0.93	2.48	0.71	1.11	1.23	0.25
2022	2.64	3.07	0.64	0.94	2.36	0.76	1.09	1.24	0.23

年份	海南	重庆	云南	陕西	甘肃	青海	宁夏	新疆	全域
2006	0.97	0.99	0.43	0.79	1.25	0.50	0.98	0.91	1.02
2007	0.96	0.87	0.50	0.85	1.85	0.48	1.18	1.08	1.05
2008	0.81	0.86	0.62	0.89	1.91	0.45	1.01	0.90	1.08
2009	0.56	0.61	0.44	0.73	1.48	0.42	0.81	0.68	0.82

续表

年份	内蒙古	辽宁	吉林	黑龙江	上海	浙江	福建	广东	广西
2010	0.74	0.70	0.29	0.67	1.20	0.41	0.70	0.63	0.79
2011	1.54	0.77	0.36	0.72	1.10	0.52	0.95	0.85	0.99
2012	1.16	0.73	0.46	0.81	0.98	0.33	0.98	0.94	0.99
2013	0.59	0.67	0.36	0.76	0.70	0.28	0.76	0.84	0.85
2014	0.51	0.61	0.29	0.76	0.38	0.20	0.55	0.71	0.78
2015	0.45	0.54	0.26	0.53	0.36	0.21	0.44	0.59	0.70
2016	0.43	0.50	0.20	0.53	0.27	0.16	0.32	0.82	0.66
2017	0.47	0.48	0.16	0.50	0.36	0.14	0.37	0.42	0.64
2018	0.71	0.48	0.15	0.50	0.49	0.18	0.44	0.89	0.72
2019	1.36	0.50	0.15	0.54	0.45	0.31	0.70	1.02	0.74
2020	1.21	0.46	0.15	0.57	0.37	0.27	0.78	0.74	0.72
2021	1.40	0.52	0.17	0.76	0.44	0.30	0.83	0.76	0.80
2022	1.39	0.53	0.21	0.68	0.60	0.33	0.78	0.93	0.80

能源强度是由能源消费总量（见表7-4）与实际物流业增加值（见表7-2）相比得到的（见表7-10）。

表7-10 **能源强度**

年份	内蒙古	辽宁	吉林	黑龙江	上海	浙江	福建	广东	广西
2006	1.63	2.10	1.18	1.55	2.29	1.41	0.73	1.68	2.17
2007	1.61	2.01	1.41	1.46	2.39	1.30	0.77	1.67	2.33
2008	1.57	1.85	1.39	1.12	2.42	1.19	0.94	1.66	1.88
2009	1.66	1.82	1.31	1.40	2.68	1.14	0.98	1.66	2.14
2010	1.65	1.68	1.26	1.22	2.44	1.01	0.99	1.63	1.87
2011	1.60	1.66	1.21	1.84	2.24	0.98	1.00	1.53	1.84
2012	1.66	1.62	1.18	1.80	2.17	0.97	0.97	1.43	1.98

续表

年份	内蒙古	辽宁	吉林	黑龙江	上海	浙江	福建	广东	广西
2013	1.10	1.41	1.17	1.91	2.15	0.97	0.91	1.24	1.41
2014	1.03	1.45	1.24	1.95	1.96	0.92	0.90	1.17	1.65
2015	1.00	1.44	1.25	1.97	1.92	0.91	0.87	1.15	1.55
2016	0.66	1.45	1.15	1.88	2.02	0.87	0.87	1.15	1.51
2017	0.59	1.38	1.09	1.69	1.99	0.85	0.84	1.11	1.57
2018	0.53	1.33	0.89	1.51	1.75	0.79	0.85	1.06	1.42
2019	0.53	1.29	0.87	1.41	1.75	0.69	0.84	1.01	1.30
2020	0.50	1.21	0.84	1.22	1.58	0.72	0.73	0.92	1.11
2021	0.50	1.22	0.82	1.08	1.47	0.66	0.67	0.77	1.01
2022	0.46	1.10	0.57	1.06	1.32	0.65	0.63	0.64	1.12
年份	海南	重庆	云南	陕西	甘肃	青海	宁夏	新疆	全域
2006	2.02	1.32	3.28	1.52	1.38	1.85	2.36	2.42	1.71
2007	2.00	1.42	3.08	1.68	1.26	2.04	2.25	2.36	1.71
2008	2.81	1.42	3.06	1.87	1.21	1.91	1.99	2.24	1.66
2009	3.06	1.25	2.89	1.99	1.24	2.06	1.76	2.02	1.69
2010	2.91	1.34	3.30	1.94	1.29	2.10	1.86	2.01	1.62
2011	2.54	1.24	3.24	1.86	1.30	1.98	1.65	1.87	1.59
2012	2.43	1.28	3.12	1.74	1.39	1.90	1.57	1.71	1.55
2013	2.22	1.29	2.68	1.30	1.89	1.86	1.66	1.81	1.39
2014	2.00	1.13	2.81	1.25	1.95	1.89	1.70	1.61	1.36
2015	1.92	1.25	2.50	1.17	1.79	1.91	1.78	1.67	1.33
2016	1.74	1.27	2.46	0.95	1.71	2.09	1.83	1.55	1.28
2017	1.69	1.23	2.29	0.88	1.58	2.18	1.92	1.42	1.23
2018	1.52	1.04	2.41	0.91	1.36	2.32	1.73	1.19	1.14

续表

年份	内蒙古	辽宁	吉林	黑龙江	上海	浙江	福建	广东	广西
2019	1.35	1.00	2.43	0.83	1.26	2.34	1.74	1.11	1.09
2020	1.38	0.93	2.34	0.68	1.28	2.03	1.60	1.05	1.00
2021	1.13	0.84	2.09	0.64	1.09	1.91	1.33	0.97	0.91
2022	1.05	0.70	1.90	0.54	1.00	2.07	1.28	0.92	0.83

7.2 基于广义迪氏指数分解法（GDIM）的影响因素分解模型构建

7.2.1 影响因素分解模型

（1）KAYA恒等式

KAYA恒等式由日本学者Yoichi Kaya（1989）在联合国政府间气候变化专门委员会（IPCC）研讨会上最先提出，该恒等式将人类社会所产生的碳排放与能源效率、能源结构、经济水平和人口规模进行关联，其基本表达形式如下所示：

$$CO_2 = \frac{CO_2}{Energy} \times \frac{Energy}{GDP} \times \frac{GDP}{POP} \times POP \tag{7.1}$$

式中：

CO_2——二氧化碳排放总量；

$Energy$——能源消耗总量；

GDP——国内生产总值；

POP——总人口数。

通过该恒等式把二氧化碳的排放量分解为不同因素的影响作用。

KAYA恒等式中只能包含一个绝对指标，且当其中一个因素发生变化时，KAYA恒等式的特征会导致目标变量保持不变，这种分解方法不能准确反映目标变量的变化，这是明显的不足。

（2）LMDI分解法

对数均值迪氏指数分解法（Logarithmic Mean Divisia Index，LMDI）由Ang在1998年提出。其在计算权重时，使用对数平均公式替代传统算术平均公式，对于变量不多且涉及时间序列性质的情况使用比较方便。通过简单的分子分母相消，该方法可以清晰地说明每一项因素的由来及意义，使得分解结果直观。该方法有“乘法分解”和“加法分解”两种，分解的结果一致。

设V为影响因素分解的研究对象，其中x_1，x_2，…，x_n均为影响V变化的因素，令V_i为V的任一子集，则V可以表示为：

$$V=\sum_{i}^{n}V_i=\sum_{i}^{n}x_1,\ x_2,\ \cdots,\ x_n \tag{7.2}$$

通过将报告期T的V值与基期0的V值相除，反映CO_2排放量的变动状况，可写成相乘和相加方式：

$$D_{tot}=\frac{V^T}{V^0}=\frac{\sum_{i}^{n}x_{1i}^{T}x_{2i}^{T}\cdots x_{ni}^{T}}{\sum_{i}^{n}x_{1i}^{0}x_{2i}^{0}\cdots x_{ni}^{0}}=D_{x1}D_{x2}\cdots D_{xn} \tag{7.3}$$

$$\Delta V_{tot}=V^T-V^0=\sum_{i}^{n}x_{1i}^{T}x_{2i}^{T}\cdots x_{ni}^{T}-\sum_{i}^{n}x_{1i}^{0}x_{2i}^{0}\cdots x_{ni}^{0}=\Delta V_{x1}+\Delta V_{x2}+\cdots+\Delta V_{xn} \tag{7.4}$$

然后根据LMDI分解法，第k个因素的分解量可以表示为：

$$D_{xi}=\exp\left[\sum_{i}^{n}\frac{L\left(V_i^T,\ V_i^0\right)}{L\left(V^T,\ V^0\right)}\ln\left(\frac{x_{k,\ i}^{T}}{x_{k,\ i}^{0}}\right)\right]=\exp\left[\sum_{i}^{n}\frac{\left(V_i^T-V_i^0\right)/\left(\ln V_i^T-\ln V_i^0\right)}{\left(V^T-V^0\right)/\left(\ln V^T-\ln V^0\right)}\ln\left(\frac{x_{k,\ i}^{T}}{x_{k,\ i}^{0}}\right)\right] \tag{7.5}$$

$$\Delta V_{xi}=\sum_{i}^{n}L\left(V_i^T,\ V_i^0\right)\ln\left(\frac{x_{k,\ i}^{T}}{x_{k,\ i}^{0}}\right)=\sum_{i}^{n}\frac{V_i^T-V_i^0}{\left(\ln V_i^T-\ln V_i^0\right)}\ln\left(\frac{x_{k,\ i}^{T}}{x_{k,\ i}^{0}}\right) \tag{7.6}$$

式中：

$L(a,\ b)=(a-b)/(\ln a-\ln b)$

随着学术界对分解法研究的深入，学者们发现包含LMDI在内的现有指数分解法存在一些不足，其目标变量被分解成各因素乘积时，各因素之间易存在相关性，引致结果产生偏差；无法同时衡量多个绝对量因素影响，可能会遗漏重要影响因素，使得研究结果无法贴近实际情况。

（3）GDIM模型

为了弥补不足，使研究结果更加贴近实际情况，本书选用包含多个相对变量和绝对变量的广义迪氏指数分解法。

广义迪氏指数分解法（GDIM）是指数分解法的一种，指数分解法自20世纪70年代开始被系统应用于能源经济领域。指数分解的基本思想是将目标分解成几个影响因素，并将这些影响因素看作时间t的连续可微函数，通过对时间t进行微分，可以计算出各个影响因素对目标变量变化的贡献率。用函数形式来表示目标变量与因素变量的映射关系，如下式：

$$Z = f\left(X_1, X_2, \cdots, X_n\right) \tag{7.7}$$

$$\Delta Z = Z_1 - Z_2 = \sum_{i=1}^{n}\Delta Z\left[X_i\right] = \int_L dZ \tag{7.8}$$

式中：

Z——目标变量；

X——对目标变量Z有作用的影响因素的变量；

ΔZ——目标变量从初始时刻到结束时刻的变化量；

$[X_i]$——影响因素X_i对目标变量变化量ΔZ的贡献。

把各个影响因素看成时间t的连续可微函数，则有：

$$X_i = X_i(t) \tag{7.9}$$

$$f_i' = \frac{\partial f\left(X_1, X_2, \cdots, X_n\right)}{\partial X_i} \tag{7.10}$$

$$\Delta Z = \int_L f_1'dX_1 + \int_L f_2'dX_2 + \cdots + \int_L f_n'dX_n \tag{7.11}$$

则可以得到：

$$\Delta Z\left[X_i\right] = \int_L f_i'dX_i = \int_{t_0}^{t_1} f_i'X_i'dt \tag{7.12}$$

f_i'是对第i个参数的偏导数，t_0、t_1分别表示初始时刻和结束时刻，公式（7.12）用向量函数可以改写为：

$$\Delta Z = \int_L \nabla Z^T \cdot dX \tag{7.13}$$

$$\nabla Z = \left\langle f_1', \cdots, f_n'\right\rangle \tag{7.14}$$

式中：

∇Z——函数$f\left(X_1, X_2, \cdots, X_n\right)$的列梯度向量；

T——向量的转置；

dX——对角矩阵，元素为dX_1，dX_2，…，dX_n。

由于此方法没有考虑到变量之间的相互关联性，但影响因素之间存在相互关联性，因此计算结果可能和实际有所偏差。为了解决这一问题，Vaninsky（2014）提出在指数分解中加入方程$\boldsymbol{\Phi}(X)=0$，用来约束各影响因素间的关系。

目标函数在关联方程组上的投影梯度为：

$$\Delta Z[X|\boldsymbol{\Phi}]=\int_L \nabla Z^T\left(I-\boldsymbol{\Phi}_X \boldsymbol{\Phi}_X^+\right) \cdot dX \tag{7.15}$$

$$\boldsymbol{\Phi}_X=\frac{\partial \boldsymbol{\Phi}_j}{\partial X_i} \tag{7.16}$$

式中：

$\boldsymbol{\Phi}_X$——雅可比矩阵；

$\boldsymbol{\Phi}_X^+$——$\boldsymbol{\Phi}_X$的广义逆矩阵；

I——单位矩阵。

若矩阵$\boldsymbol{\Phi}_X$各因素之间线性无关，则广义逆矩阵$\boldsymbol{\Phi}_X^+$为：

$$\Phi_X^+=\left(\Phi_X^T \Phi_X\right)^{-1} \Phi_X^T \tag{7.17}$$

这样就构建了包括多个绝对变量和相对变量因素的因素分解模型，且分解结果区分各因素之间的关联性。

7.2.2 物流业碳排放因素分解模型构建

本书采用广义迪氏指数分解法（GDIM）对碳排放进行多维度因素分解，则GDIM表达式如下：

$$\begin{aligned} CO_2 &=\left(CO_2/A\right) \times A=\left(CO_2/E\right) \times E \\ &=\left(CO_2/I\right) \times I=\left(CO_2/P\right) \times P \end{aligned} \tag{7.18}$$

$$A/I=\left(CO_2/I\right)/\left(CO_2/A\right) \tag{7.19}$$

$$E/A=\left(CO_2/A\right)/\left(CO_2/E\right) \tag{7.20}$$

式中：

A——物流业增加值，亿元；

E——物流业能源消费，万吨标准煤；

I——物流业固定资产投资，亿元；

P——各省域常住人口，万人；

CO_2/A——物流业产出碳强度（CA），万吨/亿元；

CO_2/E——物流业能源消费碳排放（CE），万吨/万吨标准煤；

CO_2/I——物流业投资碳强度（CI），万吨/亿元；

CO_2/P——物流业人均碳排放量（CP），万吨/万人；

A/I——物流业投资效率（AI），%；

E/A——物流业能源强度（EA），万吨标准煤/亿元。

将式（7.18）至式（7.20）作进一步转换可得：

$$\begin{cases} CO_2 = A \times CA = E \times CE = I \times CI = P \times CP \\ A \times CA - E \times CE = 0 \\ A \times CA - I \times CI = 0 \\ A \times CA - P \times CP = 0 \\ A - I \times AI = 0 \\ E - A \times EA = 0 \end{cases} \tag{7.21}$$

在式（7.21）的约束下，目标函数CO_2的变化可以分解为以下各因素贡献加总，式子如下：

$$\Delta C[X|\Phi] = \int_L \nabla C^T\left(I - \Phi_X \Phi_X^+\right) \cdot dX \tag{7.22}$$

由广义迪氏指数分解法可得：

$$\nabla C = \left(CA, A, 0, 0, 0, 0, 0, 0, 0, 0\right)^T \tag{7.23}$$

$$\Phi_X = \begin{pmatrix} CA & A & -CE & -E & 0 & 0 & 0 & 0 & 0 & 0 \\ CA & A & 0 & 0 & -CI & -I & 0 & 0 & 0 & 0 \\ CA & A & 0 & 0 & 0 & 0 & -CP & -P & 0 & 0 \\ 1 & 0 & 0 & 0 & -AI & 0 & 0 & 0 & -I & 0 \\ -EA & 0 & 1 & 0 & 0 & 0 & 0 & 0 & 0 & -A \end{pmatrix}^T \tag{7.24}$$

其中，对于绝对量因素A、E、I、P，定义指定函数为：

$$Q(t) = \left(Q_1/Q_0\right)^t \tag{7.25}$$

则有：

$$\frac{dQ(t)}{dt} = \ln\left(Q_1/Q_0\right) \cdot Q(t) \tag{7.26}$$

因此，“一带一路”沿线省域物流业碳排放的变化被分解为10种因素之和：ΔC_A、ΔC_E、ΔC_I、ΔC_P、ΔC_{CA}、ΔC_{CE}、ΔC_{CI}、ΔC_{CP}、ΔC_{AI}、ΔC_{EA}。其中，绝对量因素ΔC_A、ΔC_E、ΔC_I和ΔC_P分别反映经济规模、能源消费、

固定资产投资和人口规模的变化对物流业碳排放变化的影响，相对量因素ΔC_{CA}、ΔC_{CE}、ΔC_{CI}、ΔC_{CP}、ΔC_{AI}和ΔC_{EA}分别反映物流业发展的低碳化程度、能源消费碳强度、固定资产的低碳化程度、人均碳排放量、投资效率以及物流运输过程对能源的依赖程度的变化对二氧化碳排放量的贡献。

7.3 物流业碳排放影响因素结果分析

7.3.1 逐年影响因素分解结果分析

根据上述方法，本书利用R语言软件对2006—2022年“一带一路”沿线省域整体及四个地区物流业碳排放驱动因素进行GDIM因素分解，计算得出经济水平（*A*）、产出碳强度（*CA*）、能源消费量（*E*）、能源消费碳强度（*CE*）、固定资产投资（*I*）、投资碳强度（*CI*）、人口规模（*P*）、人均碳排放（*CP*）、投资效率（*AI*）和能源强度（*EA*）10个因素对物流业碳排放的贡献率，如表7-11至表7-15所示。

表7-11 整体物流业碳排放各影响因素贡献率汇总

年份	*A*	*CA*	*E*	*CE*	*I*	*CI*	*P*	*CP*	*AI*	*EA*
2007	0.0301	-0.0004	0.0298	-0.0002	0.0223	0.0072	0.0030	0.0265	-0.0001	0.0000
2008	0.0232	-0.0029	0.0154	0.0045	0.0152	0.0047	0.0028	0.0172	-0.0001	-0.0001
2009	0.0111	0.0045	0.0159	-0.0002	0.0866	-0.0626	0.0027	0.0132	-0.0082	0.0001
2010	0.0312	-0.0117	0.0204	-0.0012	0.0411	-0.0210	0.0024	0.0171	-0.0002	-0.0003
2011	0.0270	-0.0046	0.0193	0.0015	-0.0305	0.0569	0.0015	0.0192	-0.0077	0.0001
2012	0.0214	-0.0055	0.0151	0.0006	0.0215	-0.0057	0.0043	0.0116	0.0000	-0.0001
2013	0.0145	-0.0226	-0.0111	0.0037	0.0518	-0.0552	0.0019	-0.0098	-0.0029	-0.0018
2014	0.0194	-0.0066	0.0124	0.0006	0.0434	-0.0286	0.0021	0.0111	-0.0011	-0.0002
2015	0.0153	-0.0035	0.0105	0.0015	0.0451	-0.0309	0.0015	0.0107	-0.0016	-0.0001
2016	0.0146	-0.0114	0.0045	-0.0014	0.0271	-0.0231	0.0018	0.0014	-0.0004	-0.0003
2017	0.0209	-0.0077	0.0101	0.0030	0.0296	-0.0159	0.0020	0.0112	-0.0002	-0.0003

续表

年份	*A*	*CA*	*E*	*CE*	*I*	*CI*	*P*	*CP*	*AI*	*EA*
2018	0.0163	-0.0133	-0.0019	0.0038	-0.0111	0.0136	0.0015	0.0004	-0.0014	-0.0004
2019	0.0150	-0.0087	0.0033	0.0026	0.0050	0.0009	0.0012	0.0047	-0.0001	-0.0002
2020	-0.0058	-0.0160	-0.0256	0.0044	0.0014	-0.0230	0.0008	-0.0227	-0.0002	-0.0010
2021	0.0309	-0.0197	0.0056	0.0037	0.0043	0.0050	0.0002	0.0091	-0.0011	-0.0008
2022	-0.0024	-0.0178	-0.0245	0.0046	-0.0032	-0.0173	-0.0002	-0.0203	0.0000	-0.0011
合计	0.2826	-0.1478	0.0993	0.0317	0.3495	-0.1951	0.0292	0.1007	-0.0254	-0.0063

表7-12　　东北地区物流业碳排放各影响因素贡献率汇总

年份	*A*	*CA*	*E*	*CE*	*I*	*CI*	*P*	*CP*	*AI*	*EA*
2007	0.0365	-0.0070	0.0331	-0.0043	0.0168	0.0119	0.0009	0.0279	-0.0007	0.0000
2008	0.0207	-0.0112	-0.0062	0.0165	0.0494	-0.0372	0.0005	0.0090	-0.0018	-0.0017
2009	0.0131	-0.0008	0.0209	-0.0082	0.0587	-0.0423	0.0008	0.0120	-0.0033	0.0000
2010	0.0239	-0.0262	0.0032	-0.0052	0.0652	-0.0616	0.0011	-0.0028	-0.0033	-0.0012
2011	0.0262	0.0244	0.0517	0.0017	-0.0654	0.1400	0.0003	0.0502	-0.0251	-0.0026
2012	0.0198	-0.0078	0.0141	-0.0024	0.0179	-0.0061	-0.0040	0.0158	0.0000	-0.0001
2013	0.0143	-0.0105	0.0000	0.0045	0.0621	-0.0527	-0.0023	0.0067	-0.0041	-0.0007
2014	0.0115	0.0088	0.0204	0.0001	0.0543	-0.0311	-0.0022	0.0227	-0.0028	0.0000
2015	0.0097	0.0011	0.0090	0.0017	-0.0036	0.0145	-0.0031	0.0138	-0.0004	0.0000
2016	0.0059	-0.0042	-0.0011	0.0025	-0.0199	0.0225	-0.0030	0.0044	-0.0015	0.0000
2017	0.0146	-0.0143	-0.0015	0.0011	-0.0041	0.0037	-0.0029	0.0024	-0.0006	-0.0004
2018	0.0081	-0.0183	-0.0135	0.0012	-0.0520	0.0474	-0.0032	-0.0091	-0.0098	-0.0001
2019	0.0080	-0.0047	-0.0016	0.0048	-0.0057	0.0090	-0.0031	0.0062	-0.0003	-0.0001
2020	-0.0072	-0.0144	-0.0271	0.0056	-0.0357	0.0153	-0.0037	-0.0182	-0.0018	-0.0005
2021	0.0176	-0.0095	0.0081	-0.0004	0.0124	-0.0047	-0.0025	0.0102	0.0000	-0.0002
2022	-0.0011	-0.0235	-0.0261	0.0029	0.0494	-0.0668	-0.0044	-0.0198	-0.0052	-0.0020
合计	0.2215	-0.1180	0.0832	0.0221	0.1999	-0.0381	-0.0309	0.1313	-0.0605	-0.0096

表7-13　　东南地区物流业碳排放各影响因素贡献率汇总

年份	*A*	*CA*	*E*	*CE*	*I*	*CI*	*P*	*CP*	*AI*	*EA*
2007	0.0291	-0.0005	0.0283	0.0002	0.0225	0.0058	0.0055	0.0230	-0.0001	0.0000
2008	0.0192	0.0048	0.0217	0.0023	0.0046	0.0195	0.0049	0.0190	-0.0004	0.0000
2009	0.0064	0.0034	0.0102	-0.0004	0.0852	-0.0663	0.0048	0.0051	-0.0091	0.0001
2010	0.0365	-0.0142	0.0201	0.0005	0.0092	0.0116	0.0070	0.0137	-0.0013	-0.0002
2011	0.0252	-0.0127	0.0089	0.0014	-0.0283	0.0428	0.0018	0.0085	-0.0064	0.0000
2012	0.0208	-0.0115	0.0091	0.0000	0.0247	-0.0153	0.0105	-0.0013	-0.0001	-0.0003
2013	0.0133	-0.0168	-0.0053	0.0024	0.0491	-0.0486	0.0045	-0.0076	-0.0026	-0.0010
2014	0.0236	-0.0157	0.0074	0.0000	0.0235	-0.0159	0.0044	0.0031	0.0000	-0.0005
2015	0.0169	-0.0047	0.0122	0.0004	0.0680	-0.0502	0.0033	0.0095	-0.0043	-0.0002
2016	0.0175	-0.0023	0.0179	-0.0026	0.0208	-0.0054	0.0038	0.0115	0.0000	0.0000
2017	0.0214	-0.0017	0.0149	0.0048	0.0230	-0.0032	0.0040	0.0157	0.0000	-0.0001
2018	0.0164	-0.0125	0.0011	0.0022	0.0036	-0.0003	0.0036	-0.0003	-0.0002	-0.0004
2019	0.0173	-0.0101	0.0044	0.0022	-0.0009	0.0075	0.0028	0.0037	-0.0006	-0.0002
2020	-0.0048	-0.0177	-0.0252	0.0031	-0.0100	-0.0127	0.0025	-0.0251	0.0000	-0.0009
2021	0.0360	-0.0263	0.0032	0.0034	0.0030	0.0036	0.0016	0.0051	-0.0017	-0.0013
2022	-0.0091	-0.0204	-0.0347	0.0061	-0.0124	-0.0173	0.0000	-0.0297	0.0000	-0.0015
合计	0.2858	-0.1587	0.0942	0.0258	0.2858	-0.1445	0.0649	0.0539	-0.0267	-0.0065

表7-14　　西北地区物流业碳排放各影响因素贡献率汇总

年份	*A*	*CA*	*E*	*CE*	*I*	*CI*	*P*	*CP*	*AI*	*EA*
2007	0.0310	0.0027	0.0311	0.0022	0.0118	0.0216	0.0018	0.0314	-0.0007	0.0000
2008	0.0323	-0.0014	0.0297	0.0007	0.0076	0.0231	0.0016	0.0286	-0.0012	0.0000
2009	0.0189	0.0110	0.0253	0.0048	0.1015	-0.0627	0.0014	0.0288	-0.0092	0.0001
2010	0.0239	-0.0011	0.0242	-0.0010	0.0535	-0.0283	0.0015	0.0219	-0.0015	0.0000
2011	0.0321	-0.0099	0.0199	0.0003	-0.0145	0.0371	0.0012	0.0189	-0.0045	0.0000

续表

年份	A	CA	E	CE	I	CI	P	CP	AI	EA
2012	0.0276	-0.0011	0.0245	0.0020	0.0289	-0.0023	0.0017	0.0248	0.0000	0.0000
2013	0.0118	-0.0332	-0.0286	0.0084	0.0401	-0.0579	0.0007	-0.0226	-0.0021	-0.0040
2014	0.0171	-0.0087	0.0053	0.0036	0.0595	-0.0465	0.0014	0.0075	-0.0032	-0.0005
2015	0.0122	-0.0015	0.0071	0.0038	0.0395	-0.0269	0.0014	0.0095	-0.0014	-0.0001
2016	0.0154	-0.0402	-0.0264	0.0016	0.0311	-0.0545	0.0015	-0.0276	-0.0008	-0.0040
2017	0.0264	-0.0153	0.0076	0.0031	0.0336	-0.0223	0.0019	0.0088	-0.0002	-0.0007
2018	0.0234	-0.0123	-0.0001	0.0077	-0.0561	0.0772	0.0011	0.0066	-0.0169	0.0002
2019	0.0139	-0.0095	0.0004	0.0034	-0.0090	0.0133	0.0010	0.0028	-0.0010	-0.0002
2020	-0.0101	-0.0093	-0.0316	0.0136	0.0060	-0.0247	0.0005	-0.0199	-0.0007	-0.0013
2021	0.0273	-0.0078	-0.0213	0.0404	-0.0162	0.0352	-0.0002	0.0174	-0.0031	-0.0030
2022	0.0125	-0.0125	0.0255	-0.0247	-0.0017	0.0017	0.0001	-0.0002	-0.0006	-0.0005
合计	0.3157	-0.1503	0.0924	0.0698	0.3157	-0.1170	0.0187	0.1367	-0.0470	-0.0140

表7-15 西南地区物流业碳排放各影响因素贡献率汇总

年份	A	CA	E	CE	I	CI	P	CP	AI	EA
2007	0.0231	0.0057	0.0288	0.0003	0.0410	-0.0113	0.0019	0.0271	-0.0005	0.0000
2008	0.0297	-0.0211	0.0058	0.0013	0.0156	-0.0086	0.0021	0.0051	-0.0002	-0.0009
2009	0.0149	0.0030	0.0158	0.0025	0.1036	-0.0742	0.0019	0.0166	-0.0109	0.0000
2010	0.0372	0.0218	0.0410	0.0184	0.0806	-0.0187	-0.0043	0.0633	-0.0026	0.0000
2011	0.0273	-0.0068	0.0164	0.0025	-0.0191	0.0409	0.0021	0.0168	-0.0046	0.0001
2012	0.0158	0.0092	0.0221	0.0031	0.0103	0.0148	0.0022	0.0227	-0.0001	-0.0001
2013	0.0246	-0.0392	-0.0160	0.0018	0.0612	-0.0699	0.0016	-0.0167	-0.0031	-0.0040
2014	0.0186	0.0076	0.0272	-0.0007	0.0546	-0.0260	0.0018	0.0247	-0.0020	0.0000
2015	0.0215	-0.0080	0.0120	0.0017	0.0473	-0.0316	0.0016	0.0123	-0.0013	-0.0003
2016	0.0145	-0.0023	0.0130	-0.0004	0.0623	-0.0454	0.0020	0.0107	-0.0037	0.0000

续表

年份	*A*	*CA*	*E*	*CE*	*I*	*CI*	*P*	*CP*	*AI*	*EA*
2017	0.0192	-0.0047	0.0133	0.0015	0.0516	-0.0342	0.0020	0.0129	-0.0019	-0.0002
2018	0.0166	-0.0086	0.0011	0.0068	0.0224	-0.0143	0.0014	0.0064	-0.0001	-0.0005
2019	0.0170	-0.0073	0.0082	0.0014	0.0242	-0.0142	0.0014	0.0083	-0.0001	-0.0002
2020	-0.0019	-0.0166	-0.0199	0.0020	0.0184	-0.0354	0.0012	-0.0197	-0.0010	-0.0009
2021	0.0335	-0.0225	0.0062	0.0032	0.0201	-0.0108	-0.0002	0.0097	-0.0002	-0.0012
2022	-0.0001	-0.0154	-0.0125	-0.0031	-0.0089	-0.0069	0.0003	-0.0160	-0.0001	-0.0003
合计	0.3115	-0.1051	0.1624	0.0423	0.5852	-0.3458	0.0191	0.1843	-0.0324	-0.0084

各影响因素贡献值为前一年的物流业碳排放量与当年各影响因素贡献率的乘积，计算结果见表7-16至表7-20。

表7-16　**整体物流业碳排放各影响因素贡献值汇总**　单位：万吨

年份	*A*	*CA*	*E*	*CE*	*I*	*CI*	*P*	*CP*	*AI*	*EA*
2007	695.69	-9.36	688.71	-5.56	514.07	166.16	69.83	612.72	-2.62	0.01
2008	597.78	-74.62	398.12	116.17	393.04	121.16	71.12	444.67	-2.35	-2.08
2009	308.49	124.90	443.57	-5.10	2 414.26	-1 744.92	75.31	367.93	-229.83	2.40
2010	923.88	-346.40	605.49	-35.51	1 218.46	-622.08	71.34	507.59	-6.72	-7.80
2011	862.40	-145.66	616.93	49.24	-975.55	1 816.47	46.51	613.78	-246.67	4.02
2012	741.06	-189.13	523.72	21.41	745.14	-195.92	148.75	399.86	-0.02	-2.61
2013	534.67	-832.26	-407.60	135.44	1 905.72	-2 029.70	68.89	-359.58	-106.22	-65.64
2014	691.66	-235.51	441.93	20.20	1 544.44	-1 020.48	73.42	394.25	-38.50	-6.27
2015	571.73	-129.79	394.15	56.20	1 689.98	-1 159.77	54.56	399.84	-60.16	-4.20
2016	573.79	-449.37	176.78	-53.71	1 064.27	-909.46	69.67	56.57	-14.11	-10.53
2017	831.17	-304.62	401.97	120.04	1 177.80	-634.23	78.43	447.31	-7.42	-10.68
2018	682.18	-558.95	-77.60	158.02	-464.49	569.38	60.96	17.08	-59.18	-15.40
2019	633.02	-367.53	137.30	111.54	210.20	37.55	50.56	198.51	-6.17	-8.85

续表

年份	A	CA	E	CE	I	CI	P	CP	AI	EA
2020	-250.66	-690.74	-1106.00	192.10	61.16	-992.05	35.88	-980.37	-8.28	-250.66
2021	1219.16	-775.24	219.09	147.06	170.57	197.37	7.94	359.51	-43.83	1 219.16
2022	-99.71	-729.57	-1001.58	189.79	-131.20	-706.63	-9.48	-830.74	0.35	-99.71
合计	9 516.29	-5 713.85	2 454.97	1 217.32	11 537.87	-7 107.15	973.69	2 648.95	-831.74	-246.26

表7-17 **东北地区碳排放各影响因素贡献值汇总** 单位：万吨

年份	A	CA	E	CE	I	CI	P	CP	AI
2007	166.23	-31.93	150.67	-19.46	76.44	54.39	3.89	127.20	-3.23
2008	105.25	-56.85	-31.50	83.66	250.72	-188.72	2.63	45.89	-8.91
2009	68.82	-4.15	110.12	-43.14	309.38	-223.01	4.12	63.32	-17.22
2010	132.32	-144.93	17.77	-28.62	361.30	-341.01	6.13	-15.62	-18.12
2011	144.09	134.29	284.18	9.21	-359.80	770.20	1.53	276.03	-137.87
2012	130.57	-51.55	93.20	-15.70	118.49	-40.53	-26.27	104.33	-0.01
2013	99.00	-72.41	-0.19	31.00	429.54	-364.44	-16.01	46.07	-28.08
2014	81.24	61.94	143.43	0.42	382.12	-218.91	-15.68	159.49	-19.86
2015	73.93	8.04	68.69	12.71	-27.29	110.42	-23.59	104.76	-2.83
2016	46.62	-33.13	-8.84	20.11	-158.05	178.73	-23.51	34.79	-11.63
2017	116.78	-114.21	-12.19	8.62	-32.54	29.76	-23.24	19.44	-4.80
2018	64.25	-146.12	-107.91	9.71	-414.26	377.56	-25.81	-72.72	-77.72
2019	60.59	-35.25	-12.21	36.06	-43.28	68.23	-23.15	46.71	-2.57
2020	-55.54	-110.40	-208.01	43.17	-273.44	117.61	-28.70	-139.72	-14.04
2021	122.90	-66.63	56.50	-2.75	86.96	-33.09	-17.45	71.68	-0.19
2022	-7.91	-169.20	-187.99	20.93	356.43	-482.07	-32.06	-143.05	-37.26
合计	1 349.15	-832.49	355.72	165.96	1 062.72	-184.89	-237.19	728.60	-384.36

表7-18　　东南地区碳排放各影响因素贡献值汇总　　单位：万吨

年份	A	CA	E	CE	I	CI	P	CP	AI	EA
2007	310.15	-5.65	301.28	1.78	239.91	62.07	58.21	244.94	-0.83	0.01
2008	227.69	56.90	257.46	26.86	54.51	231.26	58.09	224.84	-5.30	-0.38
2009	82.95	43.66	132.29	-5.10	1106.63	-861.66	62.00	66.85	-118.06	1.05
2010	492.72	-191.40	270.86	6.74	124.77	156.02	95.10	185.03	-16.88	-3.32
2011	368.74	-185.20	130.47	20.39	-413.55	625.88	25.99	124.85	-94.27	0.12
2012	317.09	-174.90	137.95	-0.09	376.77	-233.41	159.94	-20.31	-0.81	-4.42
2013	210.32	-264.70	-84.33	37.89	775.35	-766.27	70.48	-120.21	-40.42	-16.14
2014	368.34	-244.80	115.14	-0.44	366.19	-247.57	67.88	48.77	-0.01	-7.84
2015	270.72	-75.11	195.97	7.06	1091.74	-806.42	53.76	152.36	-68.53	-2.45
2016	295.01	-37.96	302.29	-44.45	350.26	-91.04	63.78	194.46	-0.33	0.01
2017	383.76	-29.62	266.60	85.12	411.74	-57.76	71.57	281.41	-0.18	-1.53
2018	316.65	-241.14	21.63	42.20	68.94	-6.14	68.82	-5.29	-4.66	-6.85
2019	337.65	-196.76	85.39	42.39	-16.95	147.70	55.54	72.59	-11.23	-3.88
2020	-95.39	-355.21	-505.23	61.50	-200.42	-255.81	49.60	-504.79	-0.05	-17.83
2021	656.62	-480.08	58.98	62.36	55.19	66.35	28.81	92.51	-31.14	-24.58
2022	-170.70	-381.81	-649.90	114.96	-232.39	-325.01	0.67	-556.95	0.46	-28.00
合计	4 372.33	-2 763.78	1 036.85	459.17	4 158.67	-2 361.81	990.23	481.05	-392.24	-116.03

表7-19　　西北地区物流业碳排放各影响因素贡献值汇总　　单位：万吨

年份	A	CA	E	CE	I	CI	P	CP	AI	EA
2007	142.91	12.34	143.65	10.34	54.50	99.92	8.16	145.09	-3.26	-0.02
2008	169.10	-7.39	155.19	3.43	39.59	120.67	8.56	149.47	-6.15	0.09
2009	110.55	64.34	148.18	28.30	595.37	-367.61	8.46	169.03	-54.11	0.59
2010	156.93	-6.94	159.08	-6.75	351.41	-185.64	9.53	143.99	-9.52	0.00
2011	230.17	-71.30	142.58	2.33	-103.87	266.52	8.74	135.95	-32.31	0.26

续表

年份	A	CA	E	CE	I	CI	P	CP	AI	EA
2012	214.14	-8.26	189.69	15.43	223.90	-17.92	13.18	192.54	-0.04	-0.16
2013	101.27	-285.09	-245.30	72.07	344.21	-497.09	5.70	-194.05	-17.80	-34.21
2014	134.16	-68.06	41.73	28.04	466.19	-364.39	11.03	59.05	-25.02	-3.92
2015	99.13	-12.55	57.49	30.55	320.28	-218.41	11.53	76.81	-11.17	-0.97
2016	130.01	-340.23	-223.53	13.87	263.48	-461.03	12.88	-233.26	-7.15	-33.82
2017	199.92	-116.09	57.68	23.14	255.01	-169.08	14.66	66.89	-1.26	-5.52
2018	185.13	-97.37	-0.65	61.22	-443.85	610.32	8.74	52.08	-133.85	1.23
2019	113.59	-77.55	3.13	27.52	-73.71	108.15	7.92	22.55	-8.17	-1.56
2020	-83.31	-77.14	-261.80	112.33	49.72	-204.12	4.53	-164.75	-6.01	-10.41
2021	205.49	-58.79	-160.35	303.44	-122.02	264.61	-1.68	130.50	-23.14	-22.91
2022	100.48	-100.82	204.84	-198.20	-13.58	13.46	1.12	-1.75	-4.44	-3.65
合计	2 209.67	-1 250.91	411.59	527.07	2 206.63	-1 001.62	133.04	750.13	-343.39	-114.97

表7-20 **西南地区物流业碳排放各影响因素贡献值汇总** 单位：万吨

年份	A	CA	E	CE	I	CI	P	CP	AI	EA
2007	75.49	18.65	94.30	0.88	134.29	-37.00	6.32	88.76	-1.65	-0.05
2008	108.46	-77.10	21.18	4.81	56.90	-31.39	7.64	18.68	-0.82	-3.23
2009	55.87	11.36	59.52	9.30	389.05	-278.81	7.09	62.53	-41.06	0.05
2010	149.92	88.00	165.25	74.14	324.93	-75.39	-17.35	255.06	-10.53	0.12
2011	126.67	-31.42	76.30	11.77	-88.61	190.14	9.72	78.15	-21.39	0.26
2012	79.14	45.81	110.31	15.31	51.40	73.73	11.24	113.61	-0.39	-0.46
2013	135.11	-215.23	-87.94	9.90	336.22	-384.34	9.06	-91.75	-16.81	-21.73
2014	95.92	39.23	140.43	-3.52	282.20	-134.51	9.11	127.81	-10.23	-0.05
2015	122.91	-45.65	68.61	9.70	270.51	-180.56	9.19	70.05	-7.22	-1.65
2016	87.48	-13.85	78.18	-2.42	375.97	-273.82	12.35	64.44	-22.55	-0.26
2017	121.71	-29.56	84.19	9.75	327.25	-217.03	12.90	82.07	-11.80	-1.00

续表

年份	*A*	*CA*	*E*	*CE*	*I*	*CI*	*P*	*CP*	*AI*	*EA*
2018	111.31	−57.97	7.19	45.67	150.40	−95.96	9.22	42.99	−0.74	−3.46
2019	117.92	−50.83	56.46	9.99	167.37	−98.16	9.77	57.20	−0.89	−1.29
2020	−13.36	−119.61	−143.34	14.37	132.19	−254.50	8.85	−141.64	−7.32	−6.62
2021	223.37	−149.66	41.55	21.12	133.66	−72.10	−1.45	64.59	−1.12	−7.78
2022	−0.59	−106.32	−86.69	−21.37	−61.30	−47.40	1.82	−110.51	−0.80	−1.93
合计	1 597.33	−694.16	685.50	209.42	2 982.44	−1 917.11	105.47	782.04	−155.32	−49.08

为了对比分析各影响因素对“一带一路”沿线省域物流业碳排放变化的作用，我们绘制了双坐标的图7-1和图7-2。

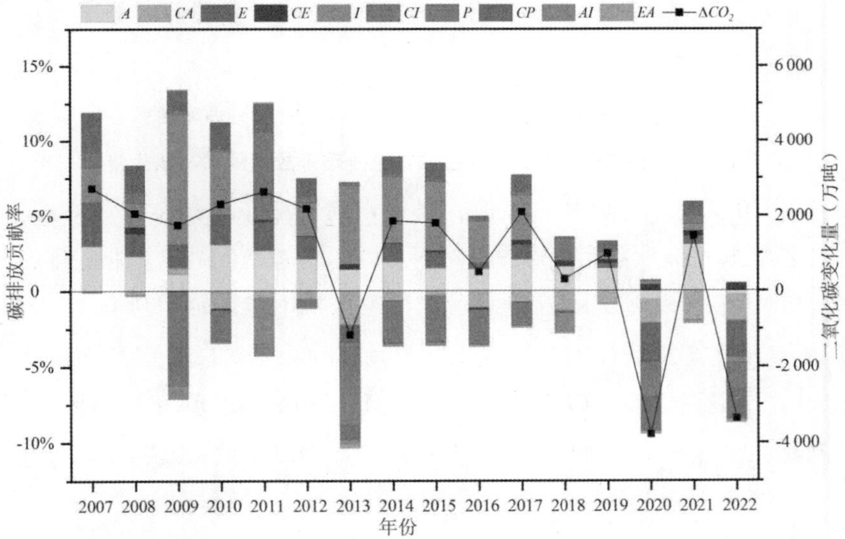

图7-1　2007—2022年整体物流业碳排放贡献率与变化量

从图7-1和图7-2可以看出，除2013年、2020年和2022年以外，“一带一路”沿线省域物流业碳排放的变化量在2007—2022年期间均为正值。显然，物流业固定资产投资是导致物流业碳排放增加的最重要因素。在10个影响因素当中，2007—2022年“一带一路”沿线省域绝对变量物流业增加值（*A*）、能源消费（*E*）、物流业固定资产投资（*I*）和人口规模（*P*）对碳排放表现为正向促增作用，人口规模对物流业碳排

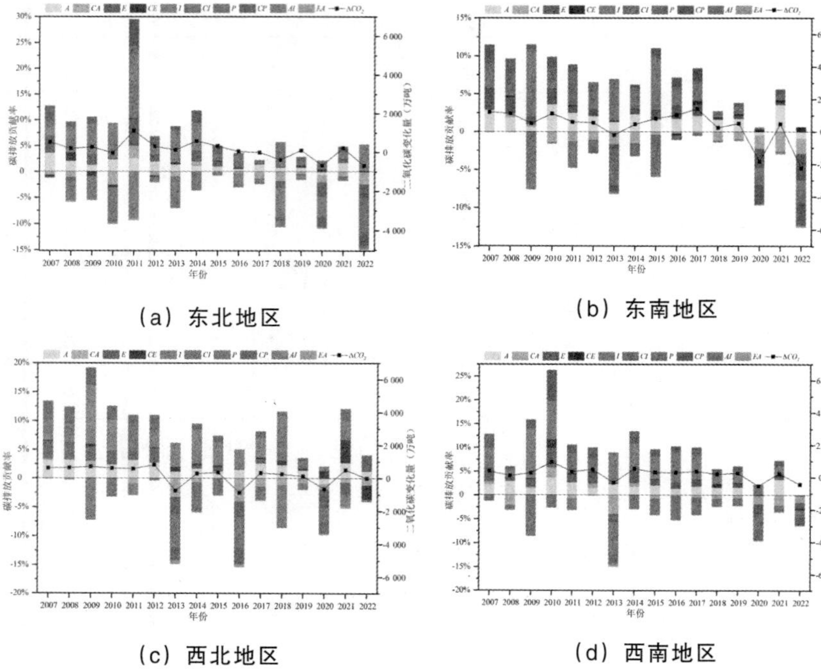

（a）东北地区　（b）东南地区

（c）西北地区　（d）西南地区

图7-2　2007—2022年各区域物流业碳排放贡献率与变化量

放除了2022年以外，其余年份均保持正向驱动作用，物流业增加值、能源消费和物流业固定资产投资绝对多数年份也是促进物流业碳排放增长，个别年份出现负向驱动作用。相对变量中能源消费碳强度（*CE*）和人均碳排放（*CP*）主要呈现正向驱动作用。相对变量中产出碳强度（*CA*）、投资碳强度（*CI*）、投资效率（*AI*）、能源强度（*EA*）对物流业碳排放主要呈现负向促降作用，其中投资碳强度的效果最明显。

从各个因素来分析：

（1）物流业增加值（A）整体表现为正向驱动作用

物流业增加值是衡量“一带一路”沿线省域物流业发展水平和经济实力的重要指标之一。“一带一路”沿线省域物流业增加值从2006年的5 977.52亿元增长到2022年的17 716.21亿元，增长约3倍。物流业的快速发展，必然会带来能源消耗量的增加，从而使得物流业碳排放量增加。从贡献率来看，物流业增加值对碳排放的贡献率总体上呈稳步上升趋势，这是由于物联网和电商的不断发展带动物流业迅速发展，从而使得物流业碳排放量增加。但是在2019—2020年期间，物流业增加值对碳排放为负向贡献，这与新冠疫情的出现有关，其带来对整个社会经济的严重冲击。

（2）产出碳强度（CA）整体表现为负向驱动

2007—2022年“一带一路”沿线省域物流业产出碳强度除了2009年贡献率为正值外，其余年份都为负值，促降效果较为显著，累计贡献率为-14.78%。2009年产出碳强度为正值，这是因为2008年全球金融危机之后，各地区都经历了经济复苏，带来物流活动的增加，较多的经济活动导致更多的物流活动，从而增加碳排放。产出碳强度是考察经济发展水平对碳排放的影响，经济发展水平的一个重要影响因素是技术水平。随着科技水平的提高，低碳生产技术得到进一步发展，从而提高物流业的低碳化水平。这意味着在生产相同产值的情况下，非期望的产出大大降低，因此产出碳强度对物流业碳排放表现出抑制作用。这表明技术进步是减少碳排放的一个关键因素。因此，在节能减排的过程中，要通过技术创新和升级来降低物流业的产出碳强度。例如，通过使用清洁能源等技术来降低物流业的碳排放强度。

（3）能源消费量（E）整体表现为正向驱动

物流业能源消费规模对“一带一路”沿线省域物流业碳排放累计贡献率为正，但总体上促增效果在逐渐减弱，尤其在2013年、2018年、2020年和2022年，能源消费量对碳排放是负向驱动。分析其原因，2013年国家提出了建设“新丝绸之路经济带”和“21世纪海上丝绸之路”合作倡议，以及2018年“一带一路”建设工作五周年座谈会强调要以绿色“一带一路”造福各国人民，因此“一带一路”沿线各省域对物流业进行技术创新和升级，采用更加低碳高效的运输设备和方式，从而降低物流业能源消耗，进而对物流业碳排放产生负向驱动。2020年能源消费量对碳排放是负向驱动，这是因为新冠疫情对整个社会的冲击导致大量物流企业出现暂停经营的情况，从而减少物流业的碳排放。物联网和电子商务的不断发展，带来更多的物流活动，进而导致物流业能源消耗的增加。但是随着国家节能减排政策的不断推进和大力发展新能源技术，能源消耗量对碳排放的贡献率逐渐下降，按照目前的发展态势，“一带一路”沿线省域物流业能源消费正向驱动作用会慢慢减弱。

（4）能源消费碳强度（CE）整体表现为正向驱动

能源消费碳强度代表单位能源产生的二氧化碳排放量，可以将能源结构的变化对碳排放的影响表现出来。在研究范围内，只有少数年份的能源消费碳强度表现为负向驱动，其余年份为正向驱动，并且总体的表现也是正向驱动，这说明“一带一路”沿线省域物流业能源结构不是很合理。“一带一路”沿线省域物流业能源消费的过程中，对化石能源的依赖程度比较高，在总体的能源消费中，柴油和汽油占绝大部分，平均占了62.11%，柴油和汽油消费量较大的主要原因是货物运输量大，物流业的大部分能源消费来源于货物运输；天然气和电力的消费在总体的能源消费中所占的比例较低，平均占了10.97%。虽然随着节能减排政策的不断推进，柴油和汽油所占的比例有所下降，但是在物流业能源利用过程中，柴油和汽油的比例还是处于偏高的地位，导致碳排放的增加，表明能源结构调整还远远未达到促进二氧化碳减少的预期程度，仍然具有很大的改善空间。因此，物流业需要减少对化石能源的依赖，加大对清洁能源的使用力度。《新时代的中国能源发展》（2020）白皮书提出，“十四五”时期，国家将加速发展模式的变革，大幅提升清洁能源的使用比例，力争在2030年前达到25%以上。

（5）物流业固定资产投资（I）整体表现为正向驱动

从贡献率可知，固定资产投资是促进物流业碳排放贡献最大的影响因素。固定资产投资规模的扩大，提升了物流活动的规模和频率，导致碳排放的增加。2018年固定资产投资对碳排放是负向驱动，这是因为当年《交通运输部关于全面加强生态环境保护坚决打好污染防治攻坚战的实施意见》明确要大力推进新能源、清洁能源应用以及加强绿色交通基础设施建设，大力投入清洁能源的使用，使得碳排放减少。因此，可以加大固定资产投资在低碳化方面的程度，将更多的资金用于购置节能减排设备或投资清洁能源技术，这将带来更少的二氧化碳排放量。

（6）投资碳强度（CI）整体表现为负向驱动

投资碳强度是指单位投资所产生的二氧化碳排放量，反映投资的低碳化程度。在研究范围内，投资碳强度既有正向驱动又有负向驱动，总体上是负向驱动，且是促降物流业碳排放贡献最大的影响因素。这说明“一带一路”沿线省域各地方政府重视物流业固定资产投资用于节能减排，提出一系列节能减排约束性指标，引导物流业节能减排投资比重有所上升，投资低碳化程度较高。

（7）人口规模（P）表现为正向驱动

人口规模对物流业碳排放有促进作用。虽然人口规模效应在正向驱动效应中效果较弱，累计贡献值为973.69万吨碳排放，但是对物流业碳排放的促进作用不容忽视。这是因为人口的增加势必会带动各种服务行业的需求，从而促进行业发展。此外，人口规模的扩大，会带来物流业需求的上升，进而需要物流业使用更多的运输工具来提高效率，从而增加物流业能源消费，导致物流业碳排放的增加。人口数量的增加还会带来交通拥堵问题，从而增加物流业的碳排放。人们的生活离不开物流业，尤其现在电商的快速发展也会带来更多物流业的碳排放。因此，通过控制城镇人口数量来限制碳排放是不太实际的，应该着重于居民的消费水平、消费结构和消费观念等方面来减少物流业碳排放。

（8）人均碳排放（CP）整体表现为正向驱动

物流业的人均碳排放主要在城镇化率方面有所体现。我国城镇化进程不断加快，相比于农村居民，城镇居民往往有更高的购买力，并倾向于消费更多的商品和服务，这直接导致物流需求增长，其需要依靠运输网络，进而增加物流业碳排放。同时，普及低碳生活理念尚未广泛实现，低碳生活方式还未得到充分推广，因此城镇化率的提高对物流业能源消费碳排放起到较强的正向促进作用。

（9）投资效率（AI）表现为负向驱动

投资效率对物流业碳排放表现为负向驱动，是物流业碳减排的重要因素之一，同时也可看出，投资效率的负向驱动作用比较稳定，投资效率总体在不断提高，即意味着更少的资源投入和更高的产出效率。这说明物流业进行运输优化，提高了车辆利用率，同时优化了资源分配，将资金用于环保和节能减排，从而可以减少碳排放。

（10）能源强度（EA）整体表现为负向驱动

能源强度是指每单位物流增加值所带来的能源消耗量的多少，能反映一个地区物流业的能源综合利用效率。在研究范围内，能源强度对二氧化碳排放量呈现抑制效应。假如能源强度越高，在相同经济产出下的能源消耗量就越大，说明能源利用效率越低，也反映出该地区物流业发展对能源的依赖程度越大；反之，能源强度越低，则物流业增加值的质量越高，意味着物流效率越高，表明物流业的技术水平在不断地提高。因此，可以通过新技术提高能源综合利用效率，从而可以在一定程度上降低物流业碳排放。

7.3.2 阶段性影响因素分解结果分析

基于我国每隔五年制定一次发展规划的国情，以及考虑到对分解结果开展分析与比较的可操作性，本书将“一带一路”沿线省域2006—2022年物流业能源消费碳排放的演变划分成三个时间段：2006—2010年、2011—2015年和2016—2022年。根据GDIM原理，运用R语言软件得到三个阶段各因素对物流业碳排放变化的贡献值，如表7-21至表7-25所示，绘制相对应的物流业二氧化碳排放影响因素分阶段分解结果，如图7-3和图7-4所示。

表7-21 **整体物流业碳排放分阶段各因素分解贡献值** 单位：万吨

时期	*A*	*CA*	*E*	*CE*	*I*	*CI*	*P*	*CP*	*AI*	*EA*
2006—2010	2 452.34	-292.20	2 143.15	78.99	4 192.40	-1 820.92	293.85	1 997.17	-171.38	-15.84
2011—2015	2 567.25	-1 427.30	940.11	249.32	5 603.33	-3 861.21	365.28	866.04	-418.62	-170.82
2016—2022	3 009.01	-2 940.48	-1 331.94	924.91	918.59	-1 556.79	209.29	-780.40	-109.56	-609.90

表7-22 **东北地区物流业碳排放分阶段各因素分解贡献值** 单位：万吨

时期	*A*	*CA*	*E*	*CE*	*I*	*CI*	*P*	*CP*	*AI*	*EA*
2006—2010	458.11	-227.31	244.42	-7.65	864.94	-556.45	16.85	234.64	-57.56	-21.64
2011—2015	387.67	-65.16	305.20	28.04	908.97	-511.00	-83.45	421.18	-56.36	-4.33
2016—2022	319.00	-554.65	-444.78	117.53	-293.87	-52.19	-128.51	-237.47	-96.22	-96.49

表7-23　　东南地区物流业碳排放分阶段各因素分解贡献值　　单位：万吨

时期	*A*	*CA*	*E*	*CE*	*I*	*CI*	*P*	*CP*	*AI*	*EA*
2006—2010	1 063.54	-86.79	956.33	31.13	1450.86	-433.51	272.17	743.35	-20.02	-3.29
2011—2015	1182.93	-783.23	363.22	48.29	2467.66	-1 791.45	375.32	56.18	-180.24	-94.21
2016—2022	1 403.32	-1 379.34	-672.90	400.81	69.00	-445.06	247.21	-594.75	-136.78	-281.29

表7-24　　西北地区物流业碳排放分阶段各因素分解贡献值　　单位：万吨

时期	*A*	*CA*	*E*	*CE*	*I*	*CI*	*P*	*CP*	*AI*	*EA*
2006—2010	569.62	60.95	611.83	37.06	931.13	-271.43	35.12	617.64	-30.89	0.25
2011—2015	553.49	-378.04	35.21	156.64	1270.37	-938.69	43.06	141.32	-109.83	-69.82
2016—2022	830.86	-451.64	-163.82	296.62	-331.24	594.25	34.23	77.02	-356.34	-80.54

表7-25　　西南地区物流业碳排放分阶段各因素分解贡献值　　单位：万吨

时期	*A*	*CA*	*E*	*CE*	*I*	*CI*	*P*	*CP*	*AI*	*EA*
2006—2010	389.73	-50.74	343.30	10.76	793.29	-411.27	7.51	357.03	-62.29	-3.12
2011—2015	435.28	-183.71	226.54	33.97	885.82	-553.72	40.65	230.34	-61.04	-19.72
2016—2022	316.02	-277.80	-21.51	48.32	459.37	-395.95	23.87	-2.16	-15.25	-51.48

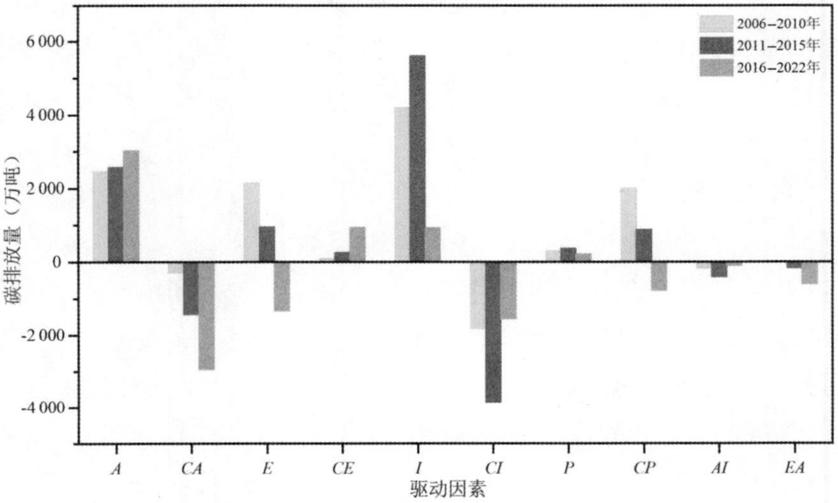

图7-3　整体物流业碳排放分阶段各因素分解贡献值

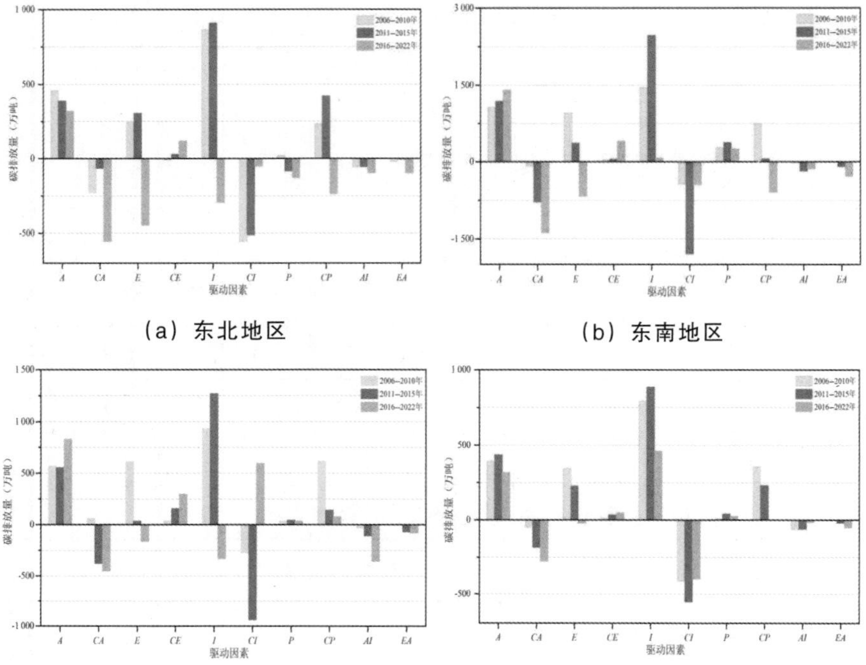

（a）东北地区　　（b）东南地区

（c）西北地区　　（d）西南地区

图7-4　各区域物流业碳排放分阶段各因素分解贡献值

（1）整体分析

由图7-3可知，在所考察的10个影响因素中，物流业增加值（*A*）、固定资产投资（*I*）、人口规模（*P*）和能源消费碳强度（*CE*）对物流业二氧化碳排放始终保持促增作用；产出碳强度（*CA*）、投资碳强度（*CI*）、投资效率（*AI*）和能源强度（*EA*）保持促降作用；能源消费（*E*）和人均碳排放（*CP*）促增和促降作用均存在，但整体表现为促增效应。

从促增因素来看，固定资产投资规模在2006—2010年和2011—2015年时期对于物流业碳排放量变化的贡献度最大，贡献值分别为4 192.40万吨和5 603.33万吨，这是因为随着物联网和电商的快速发展，对物流业的需求逐渐增大，使得物流业投资保持快速的发展势头，从而增加物流业碳排放。物流业增加值在样本研究范围内也表现为较强的促增效应，且在2016—2022年时期贡献度最大，这也意味着“一带一路”沿线省域物流业经济的增长模式对能源的刚需较大，但是随着经济发展效应不断减弱，经济增长与碳排放也会逐渐脱钩。人口规模对碳排放的促增效果较弱，其贡献值从2006—2010年时期的293.85万吨降低到2016—2022年时期的209.29万吨，可能是因为随着时间推移，物流行业逐渐走向集约化和规模化。大型物流企业通过整合资源、优化配送路线、提高车辆装载率等方式，提升了物流效率。即使人口增长带来了更多的物流需求，但由于运营效率的提高，单位物流业务量的碳排放降低，从而使得人口规模增长对碳排放的促增效果减弱。能源消费碳强度对碳排放的贡献度也是比较小的，这是因为物流业能源消费结构不合理，物流业能源消费对化石燃料的依赖程度比较高，因此会带来物流业碳排放的增加。

从促降因素来看，投资碳强度是缓解物流业能源消耗压力的一个最主要影响因素，意味着投资碳强度能够带动物流业碳排放向低碳化方向转移。投资碳强度促降效应经历先增后减的过程，2011—2015年的促降效应达到最大值3 861.21万吨，这是因为物流业在节能减排设备投资上的比重在不断提高。产出碳强度对碳排放的贡献度也比较大，促降效应从2006—2010年的292.20万吨上升到2016—2022年的2 940.48万吨，这与物流业技术水平的提高有关。投资效率促降效应也经历先增后减的过程，2011—2015年促降效应达到最大值418.62万吨，这说明物流业的投资效率逐渐提高，过热投资逐渐被抑制，从而减少了物流业碳排放。能源强度在2006—2010年对碳排放的抑制作用较为微弱，为15.84万吨，意味着这一时期物流业能源利用效率低下，进入2011—2015年，国家经济发展规划提出了具有约束力的节能指标，要求转变发展模式，能源强度的抑制作用逐渐增强，到2016—2022年达到最大值为609.90万吨。因此，随着能源利用效率的逐渐提高，可以预期能源强度的降低在未来一段时期内将促进物流业的碳减排。能源消费和人均碳排放对物流业碳排放具有正向驱动作用和负向驱动作用，但整体是促增效应。能源消费效应从2006—2010年的2 143.15万吨到2016—2022年急剧下降并带来负向驱动作用，促降为1 331.94万吨，人均碳排放效应从2006—2010年的1 997.17万吨到2016—2022年下降并带来负向驱动作用，促降为780.40万吨。

（2）区域分析

由图7-4可知，在三个子阶段中，物流业增加值（*A*）是各区域碳排放增加的主要因素，这是因为物流业的快速发展必然带来能源消耗量的增加，从而使得物流业碳排放量增加。固定资产投资（*I*）也是各区域促进碳排放的主要因素，在东北、东南、西北地区，固定资产投资在2006—2010年和2011—2015年碳排放量促增的贡献度最大，贡献值分别为864.94万吨、1 450.86万吨、931.13万吨和908.97万吨、2 467.66万吨、1 270.37万吨，在西南地区，固定资产投资在3个发展时期都表现为较强促增效果，贡献值为793.29万吨、885.82万吨和459.47万吨。这是由于物联网和电商的快速发展，物流业投资保持快速的发展势头，使得物流业的需求增大，从而增加物流业碳排放。人口规模（*P*）在东南、西北、西南地区对物流业碳排放的促增效果较弱，东北地区由于经济转型等原因，人口规模在逐渐减小，从而带来物流业碳排放的减少。能源消费碳强度（*CE*）在各区域对碳排放增加的贡献度也是比较小的，这说明物流业能源消费结构不合理，在物流业能源消费过程中，对化石燃料的依赖程度比较高，从而增加了物流业的碳排放。

投资碳强度（*CI*）是各区域减少物流业能源消耗的一个最主要驱动因素，在东北、东南、西北、西南四个地区，投资碳强度在2011—2015年碳排放量促降的贡献度最大，贡献值分别为511.00万吨、1 791.45万吨、938.69万吨和553.72万吨，意味着物流业对节能减排设备投资的比重在不断提高。产出碳强度（*CA*）在各区域对物流业碳排放的减排贡献度也较大，促降效应在逐渐增强，这与当前物流业技术水平的提高有关。投资效率（*AI*）和能源强度（*EA*）在各区域促降效应在逐渐增强，意味着物流效率在逐渐提高，说明可能对物流业的绿色技术投入了更多的资金，促进了技术应用的升级。能源强度是衡量一个国家或地区经济发展水平和碳排放量大小的指标，未来能源利用效率还有较大的提升空间，这与Andersson等和Rahman的研究一致，均表明能源强度在碳减排过程中的必要性。能源消费（*E*）和人均碳排放（*CP*）在各区域对碳排放的贡献率变化趋势相似，从2006—2015年表现为正向驱动到2016—2022年表现为负向驱动，这说明节能减排政策的提出对减少物流业碳排放有一定的效果。

7.3.3 累计贡献影响因素分解结果分析

为了更加清晰地反映各因素在2006—2022年对“一带一路”沿线省域物流业碳排放演变的动态规律，本书将2006年设为基期，将各因素的逐年贡献值累加计算得到累积效应值，结果如图7-5和图7-6所示。

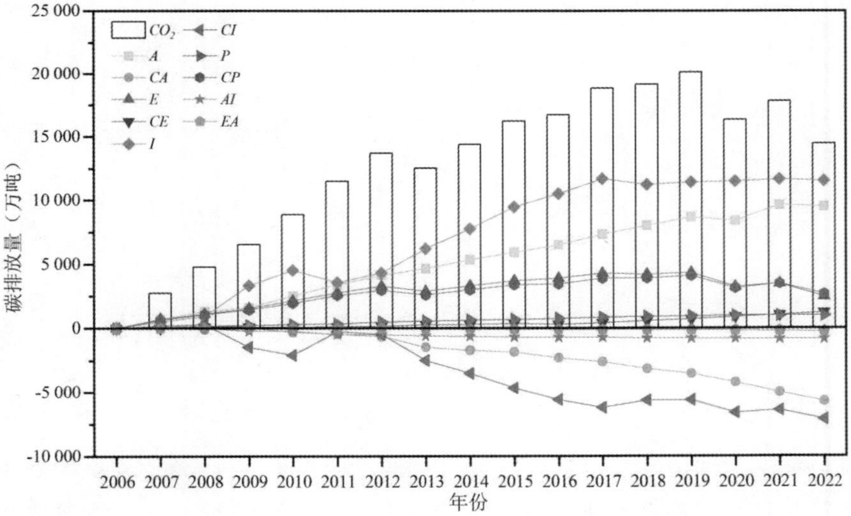

图7-5 整体物流业碳排放变化驱动因素的累积贡献值

（1）整体分析

从图7-5可以看出，2006—2022年，“一带一路”沿线省域物流业的碳排放累计增加14 450.09万吨，从整体上来看呈现出不断增加的趋势，2007—2012年累计碳排放较快增长，累计增加值从2 729.65万吨增长到13 691.65万吨，年均增长率为38.06%，在2013年累计增加值短暂下降后，2014—2019年继续上升，到2019年累计增加值达到最大，这说明城镇化进程在不断推进，物流需求还在不断扩大，以及我国加入WTO后物流业得到了快速发展。这些因素使得物流业加速发展而产生了大量的能源消耗，进而增加了碳排放。

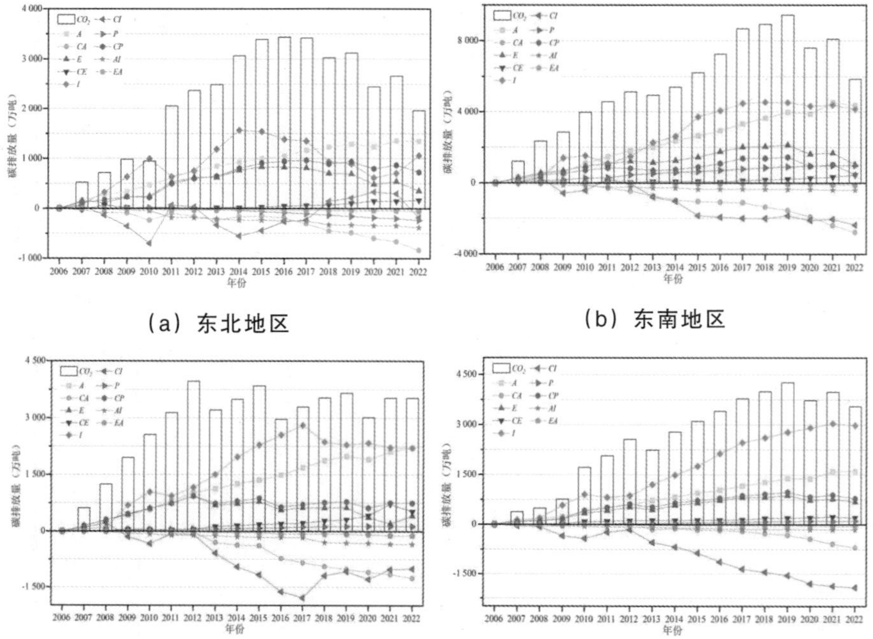

(a) 东北地区

(b) 东南地区

(c) 西北地区

(d) 西南地区

图 7-6 各区域物流业碳排放变化驱动因素的累积贡献值

从各影响因素的累计贡献值来看，促增效应中：固定资产投资规模>物流业增加值>能源消费规模>人均碳排放量>人口规模>能源消费碳强度；促降效应中：投资碳强度>产出碳强度>投资效率>能源强度。固定资产投资规模是物流业碳排放累计增加的首要因素，其累计贡献值从2007年的514.07万吨上升到2022年的11 537.87万吨，年均增长率为23.05%。其次是物流业增加值，其累计贡献值2007—2022年共增加8 820.60万吨，年均增长率为19.05%。能源消费规模和人均碳排放量两者增长幅度较为平缓且增长趋势类似，年均增长率分别为8.84%和10.25%。人口规模和能源消费碳强度是促使碳排放增加的微弱因素，两者的增长幅度很小，到2022年两者累计贡献值分别为973.69万吨和2 454.97万吨。投资碳强度和产出碳强度是促进物流业碳排放减少的主要因素，到2022年分别累计减少7 107.15万吨和5 713.85万吨碳排放。投资效率和能源强度对碳排放的促降效果相对较弱，至2022年分别累计减少831.74万吨和246.26万吨碳排放，其意味着大力倡导的能源强度的调整还远远未达到促进碳减排的预期程度，具有很大的改善空间。

（2）区域分析

从图7-6可以得出，2006—2022年，东北、东南、西北和西南各区域物流业的碳排放累计值分别是1 964.04万吨、5 864.44万吨、3 527.23万吨和3 546.53万吨，整体上各区域物流业碳排放均呈增加的趋势。其中，东南地区累计值最大，这说明东南地区城镇化进程发展最快、物流需求扩张最大，从而使得物流业碳排放累计值最大。

从各驱动因素的累计贡献值来看，固定资产投资规模是物流业碳排放累计增加的首要因素，东北、东南、西北、西南地区累计贡献值分别从2007年的76.44万吨、239.91万吨、54.50万吨、134.29万吨上升到2022年的1 062.72万吨、4 158.67万吨、2 206.63万吨、2 982.44万吨，年均增长率分别为17.21%、20.95%、27.98%、22.96%。其次是物流业增加值，各地区2007—2022年分别增加1 190.84万吨、4 232.87万吨、1 955.57万吨、1 522.42万吨，年均增长率分别为16.18%、21.13%、21.16%、24.36%。能源消费规模和人均碳排放量两者增长幅度在各地区较为平缓且增长趋势类似，年均增长率分别为9.60%、19.18%、2.90%、16.21%和14.74%、10.87%、10.07%、17.92%。投资碳强度和产出碳强度是促进物流业碳排放减少的主要因素。投资效率和能源强度对碳排放的促降效果相对较弱，至2022年分别累计减少384.36万吨、392.24万吨、343.39万吨、155.32万吨和59.18万吨、116.03万吨、114.97万吨、49.08万吨碳排放，其意味着大力倡导的能源强度的调整还远远未达到预期的促进减排的效果，未来具有很大的改善空间。

7.4 本章小结

本章首先介绍了影响因素的指标选取与数据来源；其次构建广义迪氏指数分解法模型对"一带一路"沿线省域物流业碳排放影响因素进行分解，从逐年、阶段性分析影响因素以及累计贡献的角度对各影响因素对碳排放的作用进行研究。主要研究结论如下：①在2006—2010年、2011—2015年和2016—2022年三个时间段，物流业增加值、固定资产投资、人口规模和能源消费碳强度四个因素对物流业碳排放始终保持促增作用；产出碳强度、投资碳强度、投资效率和能源强度四个因素对物流业碳排放保持促降作用。能源消费和人均碳排放正负驱动作用均存在，但整体表现为正向驱动作用。②累计贡献分解结果显示，促进物流业碳排放增长的影响因素及其累计贡献率分别为：固定资产投资（35.38%）、物流业增加值（28.26%）、人均碳排放量（10.07%）、能源消费规模（9.93%）、能源消费碳强度（3.17%）和人口规模（2.92%）；而抑制物流业碳排放的影响因素及其累计贡献率分别为：投资碳强度（-19.51%）、产出碳强度（-14.78%）、投资效率（-2.54%）和能源强度（-0.63%）。

第8章 “一带一路”沿线省域物流业碳排放达峰情景预测分析

上一章运用GDIM分解模型探讨了“一带一路”沿线省域物流业碳排放各驱动因素对碳排放变化的影响程度，在此基础上，本章采用情景分析法和蒙特卡洛模拟法对2023—2035年“一带一路”沿线省域物流业碳排放达峰情况进行预测，并预测在三种情景下物流业二氧化碳排放达峰的情况，为“一带一路”沿线省域物流业达峰路径提供建议，尽早实现我国的“双碳”目标。

8.1 预测方法与模型构建

8.1.1 预测方法

（1）情景分析法

“情景”一词最早出现在1967年Kahn和Wiener合著的《2000年》一书，是对事物所有可能的未来发展态势的描述，既包括对各种态势基本特征的定性和定量描述，也包括对各种态势发生可能性的描述。

情景分析法有三大主要优势：一是情景分析法能够全面考虑问题，能够根据不同的研究需求和环境变化，灵活地设置不同的情景；二是情景分析法的应用范围十分广泛，基本不受限制；三是情景分析法结合定性和定量分析，通过对关键影响因素的具体描述，描绘关键目标的未来发展趋势，并将其运用于实证研究中进行分析。近年来，情景分析法已被运用于各种各样的研究领域（如能源经济学、气候变化经济学和环境经济学等领域）。

情景分析不是预测未来状态，而是在不同的发展情景方案下，确定研究对象未来可能的发展趋势。其通常包括对问题边界的定义、驱动因素变化的当前条件和未来过程的特征，关键是对驱动因素或影响变量不确定性的标识以及关于如何解决这些问题的假设，用于展现研究对象的未来发展趋势。情景分析可以分为两类：静态情景分析和动态情景分析。静态情景分析通常是分析固定变量的变化率，这样做虽然适用范围很广，但是忽略了未来可能发生的风险和不确定性。动态情景分析虽然弥补了静态情景分析法的不足，但是它产生的结果主观性较强。蒙特卡洛模拟法通过随机抽样生成数千甚至百万次模拟，输出的结果处于置信区间内或为均值，可以精准量化风险。因此，本书将蒙特卡洛模拟法和动态情景分析相结合进行模拟预测，因为它可以将风险分析纳入预测中，其也被广泛认为是一种用于分析各种不确定性问题的综合而灵活的方法，可以克服静态情景分析和动态情景分析的缺点。因此，考虑影响因素的不确定性，我们采用蒙特卡洛模拟法和情景分析法相结合的方法对“一带一路”沿线省域物流业的整体二氧化碳排放进行预测，并识别出未来物流业碳排放的变化。

（2）蒙特卡洛模拟法

蒙特卡洛模拟法被广泛用于分析不确定性问题，是一种基于概率和随机抽样的数值计算方法。根据蒙特卡洛模拟法的基本原理，为了合理地模拟未来变动情况，需要对变量设定一个取值范围。结合物流业的实际情况，本书变量的数据分布选取服从三角分布函数较为合适。三角分布可用于描述最小值、中间值和最大值之间的概率分布关系，通过对模型参数的随机选择，可以使模型参数在给定区间内生成任意值，而非固定值，从而使模拟结果更贴近实际情况。在现有科技水平基础上，蒙特卡洛模拟法可以完成上万次的模拟计算，提高了模拟结果的准确性。

8.1.2 模型构建

由上一章可知，“一带一路”沿线省域物流业二氧化碳排放增加的主要因素是物流业固定资产投资规模（I）和物流业增加值（A），主要抑制因素是投资碳强度（CI），而投资效率（AI）和能源强度（EA）具有很大的碳减排潜力，未来碳减排政策应该着重改善这些方面。因此，本书基于KAYA恒等式，构建含相关因素的表达式进一步进行情景分析预测，建立如下恒等式：

$$CO_2 = I \times \frac{CO_2}{I} = I \times \frac{A}{I} \times \frac{CO_2}{E} \times \frac{E}{A} = I \times AI \times CE \times EA \tag{8.1}$$

假设α是二氧化碳排放量变化率，β是物流业固定资产投资变化率，θ是投资效率变化率，γ是能源消费碳强度变化率，φ是能源强度变化率，那么有：

$$I_{t+1} = I_t \times (1+\beta) \tag{8.2}$$

$$AI_{t+1} = AI_t \times (1+\theta) \tag{8.3}$$

$$CE_{t+1} = CE_t \times (1+\gamma) \tag{8.4}$$

$$EA_{t+1} = EA_t \times (1+\varphi) \tag{8.5}$$

由此可得出：

$$\begin{aligned} CO_{2t+1} &= I_{t+1} \times AI_{t+1} \times CE_{t+1} \times EA_{t+1} \\ &= I_t \times (1+\beta) \times AI_t \times (1+\theta) \times CE_t \times (1+\gamma) \times EA_t \times (1+\varphi) \end{aligned} \tag{8.6}$$

$$\alpha = \frac{CO_{2t+1}}{CO_{2t}} - 1 = \frac{I_{t+1} \times AI_{t+1} \times CE_{t+1} \times EA_{t+1}}{I_t \times AI_t \times CE_t \times EA_t} - 1 \tag{8.7}$$

因此，物流业碳排放变化率如下：

$$\alpha = (1+\beta) \times (1+\theta) \times (1+\gamma) \times (1+\varphi) - 1 \tag{8.8}$$

由此可知，“一带一路”沿线省域物流业碳排放量的变化与物流业固定资产投资（I）、投资效率（AI）、能源消费碳强度（CE）和能源强度（EA）的变化有关，根据上述式子，通过对这四个影响因素的合理假定，可对“一带一路”沿线省域未来物流业碳排放进行合理的预测。

8.2 情景设定及参数设置

8.2.1 情景设定

在对情景分析法的研究中，发现开发三个情景是适当的，因为更多的情景会导致无法清晰地认知未来发展的趋势。因此，本书构建三种情景：第一种情景是不改变原有的状况，不增加新的政策措施，按照过去发展趋势设定的基准情景；第二种情景是在过去发展状况的基础上，将政府现有的相关政策纳入考虑范围的政府干预情景；第三种情景是未来可能出现技术上突破的技术突破情景。

本章参考这个设定思路，为预测“一带一路”沿线省域物流业碳排放量构建了三种情景：第一种是根据各影响因素2022年以前的演变趋势设置的基准情景；第二种是考虑了现有经济和减排政策约束的政府干预情景；第三种是根据未来各影响因素的潜在发展设定的技术突破情景。相应各情景描述如下：

（1）基准情景

基准情景以“一带一路”沿线省域物流业历史发展的特征为基础，此情景是其他两种碳排放情景设定的参照和基础。假定未来的物流业经济发展水平、能源消费以及碳排放趋势均参照当前的发展水平，在未来保持同等增长，政府不采取新的减排措施，并基于物流业发展的惯性规律，推测出未来物流业发展的状态，即在基准情景下，预期物流业生产规模继续扩张、资本生产率低、能源结构缓慢低碳化以及能源效率有所提高。

（2）政府干预情景

政府干预情景是在基准情景下，国家对物流业发展实施一系列的政策干预和调控措施，构建低碳物流。在此情景下，政府在物流业节能减排方面进行重点干预，使得物流业节能减排技术得到提升、资本生产率有所提高、能源结构有所优化以及固定资产投资平稳增加。

（3）技术突破情景

技术突破情景是在政府干预情景基础之上，对投资效率、能源强度和能源消费碳强度的变化率参数进行强化，从而得到能源技术突破下的技术突破情景。在技术突破情景下，技术创新是节能减排的关键，尤其是在能效提升和清洁能源利用方面，加大对清洁能源的利用规模才能有效降低碳排放，政府和企业加强对节能减排技术的研发和投入是实现碳达峰的必要条件，因此在技术突破情景下用于清洁能源利用和节能减排的投资高于政策干预情景，用于扩大建设规模的投资相对减少。由于未来技术发展存在较大的不确定性，投资效率、能源强度和能源消费碳强度的发展也有多种可能性，因此，本书所设定的技术突破情景是提供一个可能的减排方向，主要是强调加大绿色技术创新的重要性，使得能源强度和能源消费碳强度下降，从而推动碳减排。

为了使得预测结果更加准确和科学，本书引入蒙特卡洛模拟法进行动态情景预测分析。各因素的变化率是蒙特卡洛模拟法的基准变量，因此在对各因素变化率进行情景设定时，要满足蒙特卡洛模拟法对变量数据的基本要求。根据蒙特卡洛模拟法的基本原理，其接受的基准变量需要给出一个取值区间而非特定的单一取值，从而根据各变量的可能取值范围在充分考虑不确定性的条件下对其未来演化趋势进行更加合理的“分布式”模拟，本书将各种情景下的因素的增长率设置成由最小值、中间值和最大值组成的三角分布函数区间，区间的中间值为各因素最可能出现的变化率。

8.2.2 参数设置

本书预测“一带一路”沿线省域物流业在2023—2035年间整体的碳排放量变化趋势，以寻求实现碳排放达峰的最佳路径，同时为了更符合中国发展的国情，我们将2023—2035年划分为三个阶段，即2023—2025年、2026—2030年和2031—2035年，以适应五年规划的形式，并且在每个阶段中，假设各因素的年均变化率基本保持一致。

（1）基准情景

根据蒙特卡洛模拟法要求变量给出一个区间而不是单一取值，简单地以2006—2022年各因素的年均变化率作为潜在的变化率，准确率不高，为尽可能地全面反映各因素的惯性演变趋势及潜在可能性，并且考虑到我国每五年做一次发展规划的特点，本书参考邵帅等对于参数的设定方法，根据2006—2022年、2011—2022年和2016—2022年各相关因素的年均变化率来确定2023—2035年各因素的变化率，即各相关因素潜在变化率的最小值、中间值和最大值分别对应2006—2022年、2011—2022年、2016—2022年的最小值、中间值和最大值。各因素年均变化率的设定如表8-1所示。

表8-1 **基准情景下各因素的年均变化率（%）**

区域	变量	2023—2035年		
		最小值	中间值	最大值
整体	*I*	2.35	8.87	9.42
	AI	−2.15	−1.68	3.64
	EA	−6.88	−5.56	−4.24
	CE	0.71	0.89	1.39
东北地区	*I*	−7.26	0.40	3.35
	AI	2.43	3.66	11.30
	EA	−6.00	−3.79	−3.08
	CE	0.50	0.75	1.00
东南地区	*I*	1.40	7.86	8.22
	AI	−0.98	−0.04	5.32
	EA	−6.65	−5.31	−4.18
	CE	0.51	0.62	1.23
西北地区	*I*	−3.82	6.05	8.16
	AI	−0.18	0.44	10.33
	EA	−9.27	−8.78	−6.11
	CE	1.66	2.23	2.94

续表

区域	变量	2023—2035年		
		最小值	中间值	最大值
西南地区	*I*	11.23	15.48	16.18
	AI	−7.09	−6.73	−4.00
	EA	−5.80	−4.48	−3.63
	CE	0.66	0.79	1.17

由表8-1可以看出，基准情景下，未来的物流业固定资产投资规模仍在增长，同时由于投资生产率较低，投资效率呈下降趋势。此外，考虑到中国能源效率利用水平相对世界先进水平偏低，有较大的改善空间，因此，基准情形下预计能源强度将继续快速下降。然而，由于中国的能源结构目前还是以化石能源为主，短期内很难改善能源结构，因此能源消费碳强度依旧呈增长趋势。

（2）政府干预情景

随着2023年发布的《坚定不移推进共建"一带一路"高质量发展走深走实的愿景与行动——共建"一带一路"未来十年发展展望》中提出坚持把绿色作为共建"一带一路"的鲜明底色、党的十九届五中全会强调"推动绿色发展，促进人与自然和谐共生"和"双碳"目标的提出，我国坚持走可持续发展道路，构建绿色物流体系，逐步走向低碳发展之路。各因素年均变化率的设定如表8-2所示。

表8-2　　政府干预情景下各因素的年均变化率（%）

区域	变量	2023—2025年			2026—2030年			2031—2035年		
		最小值	中间值	最大值	最小值	中间值	最大值	最小值	中间值	最大值
整体	*I*	8.30	9.20	10.20	7.20	8.20	9.20	6.20	7.20	8.20
	AI	−4.02	−3.02	−2.02	−3.31	−2.31	−1.31	−2.59	−1.59	−0.59
	EA	−7.00	−6.60	−6.20	−6.00	−5.60	−5.20	−6.00	−5.60	−5.20
	CE	0.99	1.19	1.39	0.59	0.79	0.99	0.19	0.39	0.59

续表

区域	变量	2023—2025年			2026—2030年			2031—2035年		
		最小值	中间值	最大值	最小值	中间值	最大值	最小值	中间值	最大值
东北地区	*I*	2.15	3.15	4.15	1.15	2.15	3.15	0.15	1.15	2.15
	AI	−1.34	−0.34	0.66	−0.56	0.44	1.44	−0.24	1.24	2.24
	EA	−6.20	−5.80	−5.40	−5.20	−4.80	−4.40	−5.20	−4.80	−4.40
	CE	0.62	0.82	1.02	0.20	0.40	0.60	−0.18	0.02	0.22
东南地区	*I*	7.00	8.00	9.00	6.00	7.00	8.00	5.00	6.00	7.00
	AI	−2.39	−1.39	−0.39	−1.65	−0.65	0.35	−0.91	0.09	1.09
	EA	−6.90	−6.50	−6.10	−5.90	−5.50	−5.10	−5.90	−5.50	−5.10
	CE	0.83	1.03	1.23	0.43	0.63	0.83	0.03	0.23	0.43
西北地区	*I*	6.96	7.96	8.96	5.96	6.96	7.96	4.96	5.96	6.96
	AI	−2.72	−1.72	−0.72	−1.99	−0.99	0.01	−1.25	−0.25	0.75
	EA	−9.40	−9.00	−8.60	−8.40	−8.00	−7.60	−8.40	−8.00	−7.60
	CE	2.54	2.74	2.94	2.14	2.34	2.54	1.74	1.94	2.14
西南地区	*I*	14.98	15.98	16.98	13.98	14.98	15.98	12.98	13.98	14.98
	AI	−9.09	−8.09	−7.09	−8.46	−7.46	−6.46	−7.83	−6.83	−5.83
	EA	−6.00	−5.60	−5.20	−5.00	−4.60	−4.20	−5.00	−4.60	−4.20
	CE	0.77	0.97	1.07	−0.03	0.17	0.37	−0.43	−0.23	−0.03

2021年交通运输部印发《综合运输服务“十四五”发展规划》中提及要深入推进城市绿色货运配送示范创建，加快新能源城市物流配送车辆应用，稳步提高城市物流配送新能源汽车比例；2020年中央提出“构建国内国际双循环相互促进的新发展格局”，推动物流产业高质量发展；《“十四五”现代物流发展规划》中表明物流降本增效仍需深化，但是受新冠疫情影响，物流业固定资产投资变化率会在2023—2025年出现阶段性上升，据此“一带一路”沿线省域物流业固定资产投资增速呈现先上升后下降的趋势，参考基准情景下未来投资变化率最有可能的值，将2023—2025年各区域及整体物流业固定资产投资规模的增长率中间值分别设为3.15%、8.00%、7.96%、15.98%和9.2%。投资规模的

年均增长率会逐步下降，假定各区域物流业固定资产投资增长率的中间值比前一个时期下降1个百分点。参考邵帅等的做法，在固定资产投资年均变化率中间值的基础上上下浮动1个百分点作为其最大值与最小值。

目前我国物流业发展面临产能过剩、流通成本过高、效率过低的问题，政府需要对物流业固定资产投资规模进行一定程度的控制，否则物流业的碳达峰目标很难实现。为此，在政府干预情景下，预计物流业将采取抑制过度投资和提高资本生产效率等节能减排措施，从而提升物流业的投资效率，使得物流业向高质量发展。投资效率变化率可以通过"一带一路"沿线省域物流业增加值和物流业固定资产投资规模变化率计算得到。我国经济已由高速增长阶段转向高质量发展阶段，物流业增加值的变化速度也将相应变缓。参考2016—2022年各区域物流业增加值年均增长率，再结合李善同等、林伯强和刘希颖的研究，本书将各区域物流业增加值增长率在2023—2025年期间分别设为2.80%、6.50%、6.10%、6.60%、5.90%。假定2026—2030年和2031—2035年期间，物流业增加值的年均增长率比前一个时期下降0.2个百分点，进而推算出物流业投资效率在2023—2025年、2026—2030年和2031—2035年三个时间段的年均增长率，将此作为投资效率变化的中间值。进一步，参考邵帅等的做法，在投资效率变化率中间值的基础上上下浮动1个百分点，得到投资效率变化率的最大值和最小值。

《"十四五"节能减排综合工作方案》明确提及到2025年，非化石能源消费比重达20%左右，单位国内生产总值能源消耗比2020年下降13.5%，年均变化率为-2.7%。参考2016—2022年"一带一路"沿线省域物流业能源消费碳强度年均变化率，设定2023—2025年期间能源消费碳强度年均变化率中间值分别为0.82%、1.03%、2.74%、0.97%、1.19%。参考邵帅等的做法，设定能源消费碳强度潜在年均变化率的最小值和最大值分别基于中间值下降和上升0.2个百分点。

参考2016—2022年"一带一路"沿线省域物流业能源消费碳强度年均变化率，按照逐年下降的原则，假定2023—2025年和2026—2030年能源消费碳强度中间值分别为-5.80%、-6.50%、-9.00%、-5.60%、

-6.60%和-4.80%、-5.50%、-8.00%、-4.60%、-5.60%。参考邵帅等的做法，2035的能源消费碳强度变化率和2030年保持一致，因此2031—2035年的潜在变化率中间值也为-4.6%，最大值和最小值分别在中间值的基础上上下浮动0.4个百分点。

（3）技术突破情景

本书所设定的技术突破情景是提供一个可能的减排方向，主要是强调加大绿色技术创新的重要性，使得能源强度和能源消费碳强度下降，从而推动物流业碳减排。

根据国务院印发的《2030年前碳达峰行动方案》，物流业要想实现碳达峰，需要调整能源结构，采用清洁能源，提升能源利用效率。除此之外，还要发挥创新的引领作用，加快绿色低碳科技革命，提高产业技术创新能力，加快推行绿色低碳运输方式与绿色交通基础设施建设，提倡绿色出行方式。

物流业目前研发进展最快的是新能源汽车，并且近几年新能源汽车的普及率也在逐渐提高。在《"十四五"邮政业发展规划》中，强调了推进企业实施节能减排，普及使用新能源和清洁能源交通工具，以符合碳达峰和碳中和的要求，并加强节能减排的管控。根据《"互联网+"高效物流实施意见》，推荐企业使用低碳环保车辆以及智能化托盘，以提高物流配送效率。在"一带一路"沿线省域环境保护政策日益严格的背景下，对于节能减排技术的研发活动日趋活跃，导致相关领域投资也随之增长。与政府干预情景相比，固定资产将更多地投入到研发节能减排设备与技术创新中，用于扩大生产规模的比重减少。本书假定在技术突破情景下固定资产投资规模增长率与政府干预情景下的增长率一样。

《中国与新气候经济》报告指出：节能减排会在一定程度上抑制经济的增长，抑制的速率应该能控制在1%，因此本书假定"一带一路"沿线省域物流业增加值的变化率以政府干预情景下为基准，下降1个百分点，结合固定资产投资规模变化率，计算可得投资效率在2023—2025年、2026—2030年和2031—2035年三段时期内的年均变化率中间值，在此基础上分别向上和向下调整1个百分点得到投资效率的变化率的最大值和最小值。

随着全球能源结构转型的不断推进，“一带一路”沿线省域物流业的能源结构也在不断优化。柴油作为物流业能源消费的主导燃料，其使用有很大的下降空间。假设2023—2025年“一带一路”沿线省域物流业开始提高固定资产在节能减排技术研发方面的投入，但是研发投入和实际效果之间往往存在一定的滞后效应，本书假定2023—2025年能源消费碳强度年均变化率与政府干预情景下的一致。由研发带来的能源结构的优化在2026—2035年期间开始凸显出来，假定2026—2030年和2031—2035年能源消费碳强度年均变化率分别为0.10%、0.03%、-0.76%、0.17%、0.39%和-0.30%、-0.97%、-1.16%、-0.63%、-0.01%，将其作为中间值，在此基础上分别向上和向下调整0.2个百分点得到其潜在变化率最大值和最小值。

尽管中国在过去几十年内取得了显著的能源效率提升，但与全球先进水平相比仍存在一定差距。随着节能减排研发投资的增加，节能技术水平将提升，从而为提高能源效率提供更大的改进空间。参考政府干预情景下2023—2025年能源强度年均变化率，如果能源利用技术有所突破，2026—2030年和2031—2035年能源强度的下降幅度将有望维持。由此，假定2023—2025年、2026—2030年和2031—2035年三个时期内能源强度年均变化中间值一样，分别为-5.80%、-6.50%、-9.00%、-5.60%、-6.60%，在中间值的基础上分别向上和向下调整0.4个百分点得到其潜在变化率的最大值和最小值。技术突破情景下各因素的年均变化率如表8-3所示。

表8-3　技术突破情景下各因素的年均变化率（%）

区域	变量	2023—2025年			2026—2030年			2031—2035年		
		最小值	中间值	最大值	最小值	中间值	最大值	最小值	中间值	最大值
整体	*I*	8.30	9.20	10.20	7.20	8.20	9.20	6.20	7.20	8.20
	AI	-4.94	-3.94	-2.94	-4.23	-3.23	-2.23	-3.52	-2.52	-1.52
	EA	-7.00	-6.60	-6.20	-7.00	-6.60	-6.20	-7.00	-6.60	-6.20
	CE	0.99	1.19	1.39	0.19	0.39	0.59	-0.21	-0.01	0.19

续表

区域	变量	2023—2025年			2026—2030年			2031—2035年		
		最小值	中间值	最大值	最小值	中间值	最大值	最小值	中间值	最大值
东北地区	*I*	2.15	3.15	4.15	1.15	2.15	3.15	0.15	1.15	2.15
	AI	-2.31	-1.31	-0.31	-1.54	-0.54	0.46	-0.75	0.25	1.25
	EA	-6.20	-5.80	-5.40	-6.20	-5.80	-5.40	-6.20	-5.80	-5.40
	CE	0.62	0.82	1.02	-0.10	0.10	0.30	-0.50	-0.30	-0.10
东南地区	*I*	7.00	8.00	9.00	6.00	7.00	8.00	5.00	6.00	7.00
	AI	-3.31	-2.31	-1.31	-2.59	-1.59	-0.59	-1.85	-0.85	0.15
	EA	-6.90	-6.50	-6.10	-6.90	-6.50	-6.10	-6.90	-6.50	-6.10
	CE	0.83	1.03	1.23	-0.17	0.03	0.23	-1.17	-0.97	-0.77
西北地区	*I*	6.96	7.96	8.96	5.96	6.96	7.96	4.96	5.96	6.96
	AI	-3.65	-2.65	-1.65	-2.93	-1.93	-0.93	-2.19	-1.19	-0.19
	EA	-9.40	-9.00	-8.60	-9.40	-9.00	-8.60	-9.40	-9.00	-8.60
	CE	0.54	0.74	0.94	-0.96	-0.76	-0.56	-1.36	-1.16	-0.96
西南地区	*I*	14.98	15.98	16.98	13.98	14.98	15.98	12.98	13.98	14.98
	AI	-9.95	-8.95	-7.95	-9.33	-8.33	-7.33	-8.70	-7.70	-6.70
	EA	-6.00	-5.60	-5.20	-6.00	-5.60	-5.20	-6.00	-5.60	-5.20
	CE	0.77	0.97	1.07	-0.03	0.17	0.37	-0.83	-0.63	-0.43

8.3 情景预测结果分析

根据“一带一路”沿线省域物流业碳排放各影响因素变化率的情景设定，结合公式（8.8）和利用蒙特卡洛模拟法对三种情景下“一带一路”沿线省域2023—2035年物流业碳排放量进行动态预测，本书使用Python软件对基准情景、政府干预情景和技术突破情景下的各因素分别进行10万次模拟，得到“一带一路”沿线省域物流业2023—2035年碳排放量的变化情况，以概率分布形式展示所有可能结果以及相应的概率密度。

8.3.1 基准情景结果分析

在基准情景下，对物流行业不实施新的政策约束，维持已有的经济发展惯性趋势，预计2023—2035年“一带一路”沿线省域物流业碳排放量的变动情况如图8-1和图8-2所示。

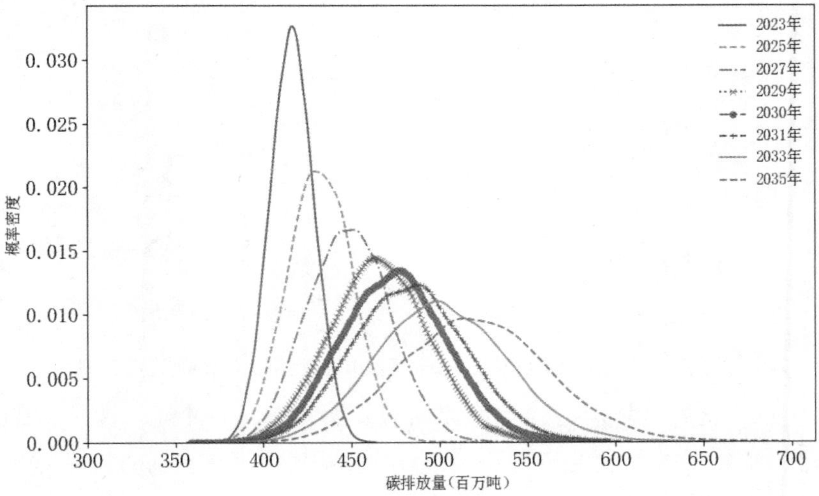

图8-1 整体物流业基准情景下2023—2035年碳排放预测

从图8-2可得，2030年“一带一路”沿线四区域的物流业碳排放量范围分别为62.40百万吨~95.32百万吨、201.22百万吨~271.32百万吨、59.06百万吨~98.09百万吨、83.63百万吨~99.93百万吨。整体物流业碳排放达到407百万吨~548百万吨。该情景下各区域物流业碳排放量呈增加趋势，导致整体碳排放持续增加。到2035年，东北、东南、西北、西南各区域物流业碳排放的范围在61.5百万吨~103.2百万吨、210.32百万吨~309.38百万吨、55.91百万吨~106.93百万吨、93.95百万吨~120.83百万吨。整体碳排放量增加到423百万吨~635百万吨，与2022年相比，这十几年的碳排放量年均增长率范围为0.73%~2.95%。这表明如果继续保持过去的发展趋势，不采取新的节能减排措施和实施新的政策，虽然能够带来物流业的发展，但是物流业产生的碳排放将会持续增加。从长

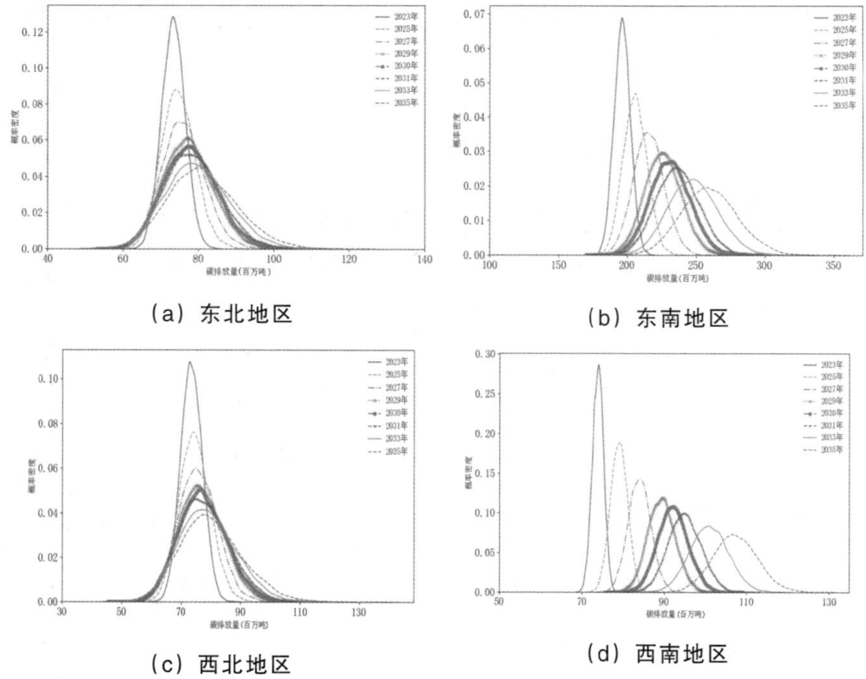

（a）东北地区

（b）东南地区

（c）西北地区

（d）西南地区

图8-2 各区域物流业基准情景下2023—2035年碳排放量预测

远来看，这种以环境为代价换取经济发展的做法并不是一个明智的选择。因此，需要政府在现有相关政策的基础上，进一步采取节能减排和低碳发展政策，对物流业碳排放进行有效的调控，实现经济和环境双丰收，建设绿色“一带一路”和实现物流业可持续发展。

8.3.2 政府干预情景结果分析

在政府干预情景下，政府加强对物流业节能减排方面的干预措施，能源消费结构中的清洁能源比例得到一定程度提高，预计2023—2035年“一带一路”沿线省域物流业碳排放量在该情景下的变动情况如图8-3和8-4所示。

由图8-3可知，政府干预情景下2023—2035年整体物流业碳排放量虽持续增加，但其增长速度明显变缓。从图8-4可知，东北和西北地区在政府干预情景下实现2030年前碳达峰目标，东南和西南地区未实现2030年前碳达峰。2030年，东南、西南地区以及整体物流业碳排

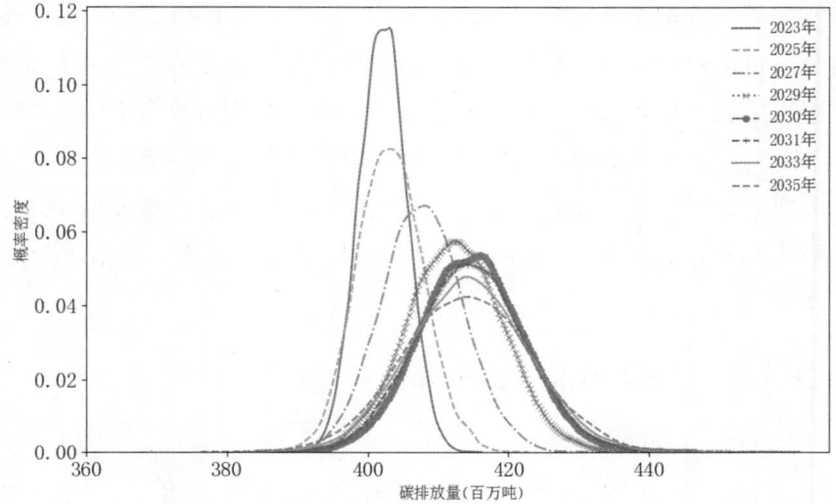

图 8-3 整体物流业政府干预情景下 2023—2035 年碳排放量预测

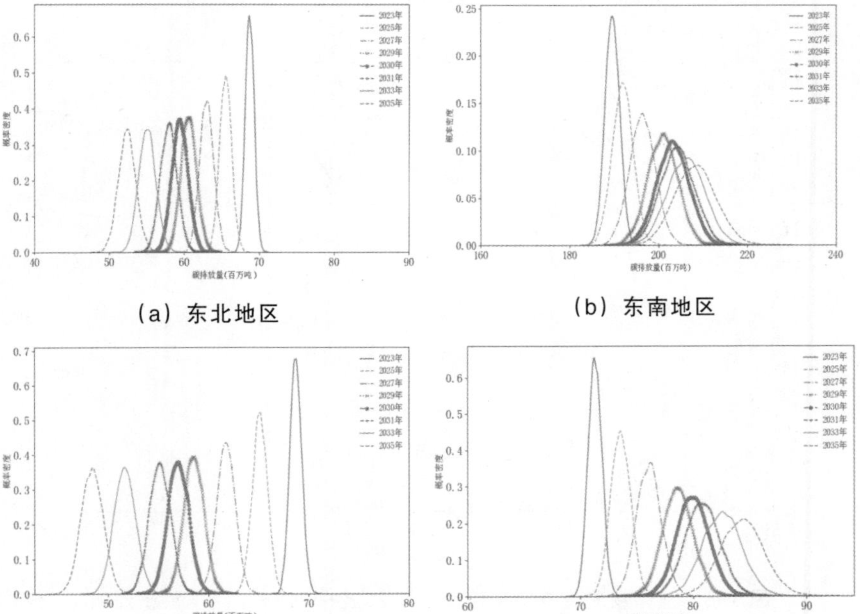

(a) 东北地区

(b) 东南地区

(c) 西北地区

(d) 西南地区

图 8-4 各区域物流业政府干预情景下 2023—2035 年碳排放量预测

放量范围分别为 193.26 百万吨~215.63 百万吨、77.46 百万吨~83.92 百万吨、398.42 百万吨~435.23 百万吨。到 2035 年，整体物流业碳排放量范围是 391.21 百万吨~437.52 百万吨，相比于基准情景，整体物流业碳排放量减少31.79百万吨~197.48百万吨。可见，政府对物流业未来的发展制定相关的节能减排措施之后，物流业碳排放的增长速度得到一定的控制。整体物流业未实现碳达峰目标，意味着政府干预情景下对东南和西南地区实现碳达峰的力度不够，还需要进一步加强对物流业碳排放量的约束。2032—2035年最大概率的物流业碳排放量呈现下降趋势，有望在此期间实现"一带一路"沿线省域整体的物流业碳达峰。

8.3.3 技术突破情景结果分析

在技术突破情景下，政府加大对节能减排技术的研发和节能设备固定资产的投入，减少用于扩大再生产规模的固定资产投资，该情景下预计2023—2035年"一带一路"沿线省域物流业碳排放量的变动情况如图8-5和图8-6所示。

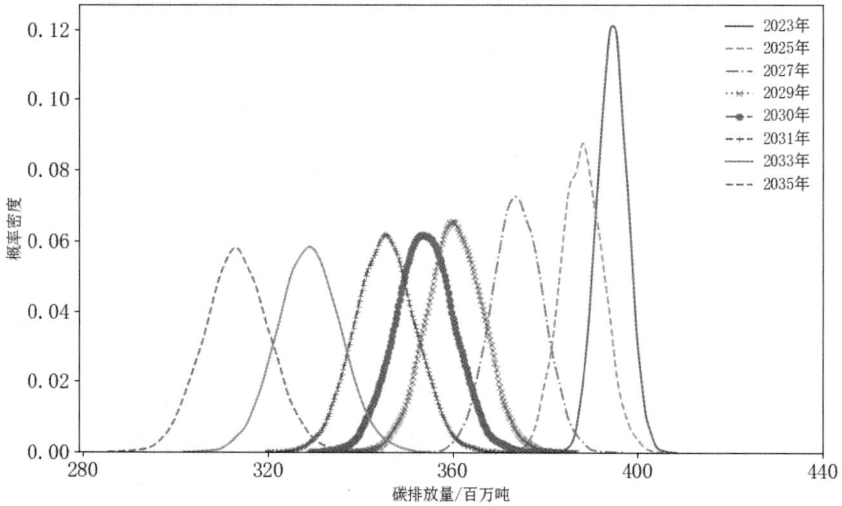

图8-5 整体物流业技术突破情景下2023—2035年碳排放量预测

由图8-5可得，技术突破情景下"一带一路"沿线省域整体碳排放量自2023年开始就呈现下降趋势。由图8-6可得，东北、东南、西北地区物流业碳排放量自2023年开始也呈现下降态势，西南地区物流业碳排放在2028年开始呈现下降趋势。2030年，"一带一路"沿线省域整体的物流业碳排放量范围为334.90百万吨~370.6百万吨，与基准情景相

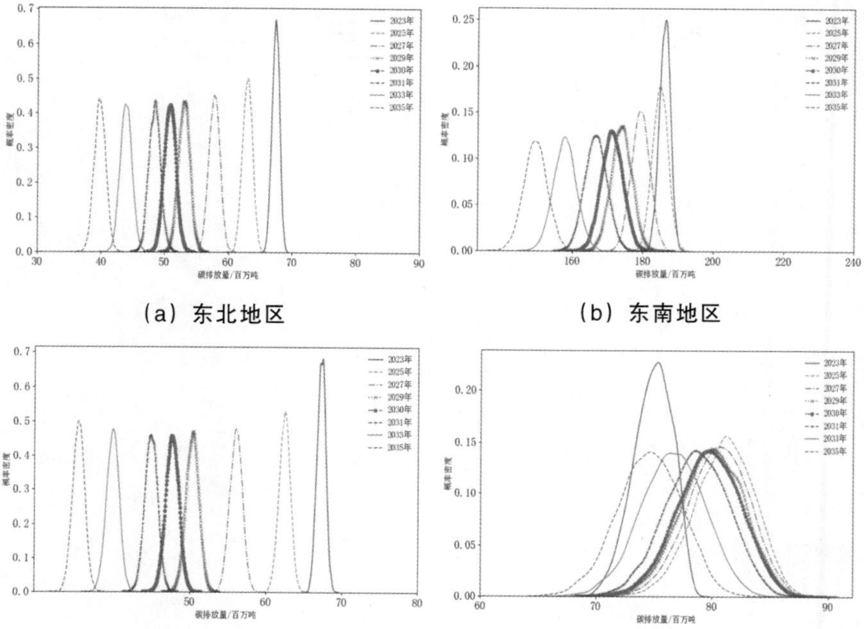

(a) 东北地区　(b) 东南地区

(c) 西北地区　(d) 西南地区

图 8-6　各区域物流业技术突破情景下 2023—2035 年碳排放量预测

比，整体物流业碳排放量减少 63.52 百万吨~64.63 百万吨。由此可见，政府加大对物流业节能减排技术的研发和节能设备固定资产的投入，物流业节能减排技术得到突破，使得能源结构得到优化和能源效率得到提升，从而使得“一带一路”沿线省域整体物流业碳排放量在 2023 年就达到峰值，其减排效果是最好的。

上述分析表明，只有在技术突破情景下“一带一路”沿线省域物流业实现碳达峰目标，基准情景和政府干预情景下均未实现碳达峰。因此，在保持经济增长的前提下，“一带一路”沿线省域不仅仅需要加强政府政策的干预，而且还需要加大能源效率技术投入和节能减排设备投资，推进能源消费结构转型和提升能源利用效率，才能尽早实现 2030 年前碳达峰目标。

对“一带一路”沿线省域物流业碳排放在三种情景下进行模拟预测，发现在基准情景下无法实现 2030 年前碳达峰目标，在政府干预和技术突破情景下物流业碳排放可以实现 2030 年前碳达峰目标，并且在技术突破情景下的减排效果最佳。

8.4 本章小结

本章基于广义迪氏指数分解结果选取物流业固定资产投资规模、投资效率、能源消费碳强度和能源强度四个影响物流业碳排放的关键因素，并把其作为情景分析需设置的变量，运用蒙特卡洛模拟法和情景分析法相结合的方法分别预测基准情景下、政府干预情景下和技术突破情景下的“一带一路”沿线省域物流业碳排放量的演变趋势。主要结论如下：①基准情景下“一带一路”沿线省域物流业在2030年前实现碳达峰目标的难度比较大，如果继续延续以往的发展惯性趋势，物流业碳排放量将会持续增加，因此，必须加大物流业节能减排力度。②政府干预情景下和技术突破情景下的“一带一路”沿线省域物流业可以实现2030年前碳达峰目标，并且在技术突破情景下物流业碳排放减排效果最佳。由此可知，在加强节能减排政策措施的基础上，还需要对节能减排在技术上进行创新和突破，可以早日实现碳达峰的目标。

第9章　“一带一路”沿线省域物流业碳排放达峰路径研究

上一章对物流业碳排放未来的演变趋势进行了动态模拟，结果显示如果按照“一带一路”沿线省域现有的物流业减排措施执行，很难在2030年前实现碳达峰目标，因此物流业有必要加强自身碳减排能力。要想使“一带一路”沿线省域物流业碳排放峰值在2030年前出现，需要大力发挥投资碳强度、产出碳强度等关键促降因素的作用来降低物流业二氧化碳排放量。总的来说，物流业实现二氧化碳排放量达到峰值的路径就是在保持投资和经济产出稳定增长的同时，通过增大促降因素的减碳效果来减少二氧化碳排放量。

9.1　推进区域物流业协同化发展

通过研究发现，“一带一路”沿线省域物流业碳排放量存在明显的差异性，但同时也具有显著空间关联性，因此必须加强各省域之间的联动效应、加强各省域之间的交流合作、引导物流业整体结构转型升级，共同推动物流业高质量发展。

对于高碳排放物流聚集区（如上海、浙江、广东等地区），由于其资源和人才密集，创新能力强，应加速绿色技术的研发和应用。同时，应利用其辐射带动效应，辅助邻近的广西、海南等区域，充分利用其技术创新优势，增加相互间的合作与沟通，促进技术的交流与协作，以促进先进物流低碳发展要素在该地区内得到优化配置。

对于低碳排放物流聚集区（如新疆、宁夏、甘肃、青海等地区），应积极学习和引进物流业减排技术，要加强绿色技术的运用，积极培育跨区域、绿色化的物流业，减少对高碳排放能源的依赖，促进能源结构的优化，从而减少物流业碳排放量。

9.2 优化产业结构

由前几章研究结果可知，产出碳强度是抑制“一带一路”沿线省域物流业碳排放的重要因素，也是其实现碳达峰目标的重要因素，因此优化产业结构是实现物流业碳达峰的重要举措。

对于东部地区（如上海、浙江和广东等地区），推动物流产业迈向新型智能化阶段，关键在于强化物流信息化与数字化技术的研发，借此提升物流管理效能，并加速新型智能物流技术的使用。此举旨在促进物流产业的转型升级，增强其核心竞争优势。同时，我们应积极扶持物流产业向高端领域迈进，通过加大对高端物流业的支持力度，培育具有国际视野的物流企业，推动物流产业的全面升级，实现产业价值的创新与经济效益的提升。此外，加快港口物流枢纽建设，完善港口多式联运，提升多式联运承载能力和衔接水平，推动“公转铁、公转水”等多式联运发展，提升综合运输效率，并广泛推广绿色物流技术，是打造环境友好型物流模式的重要途径，有助于促进节能减排、环境保护及可持续发展目标的实现。

对于西部地区（如新疆、甘肃和宁夏等地区），加速产业结构的调整与优化进程，引领产业朝向绿色低碳的转型路径。构建物流产业集聚区，以此作为核心驱动力，不断深化产业结构的良性变革。强化物流业与其他行业的协同效应，驱动产业结构的全面升级。针对物流业自身，需精细规划各流程，确保物流资源的高效配置。通过引入第三方及第四方物流服务等策略，增强产业链各节点的专业化程度，削减资源浪费。对传统物流实体进行整合重组，推动其转型升级；借助互联网平台的优势，加强配送、交通、仓储等环节的智能化改造，对传统以仓储、运输为主导的物流企业实施积极调整，优化内部架构，提升服务能力，拓展服务范围，采取多元化战略，以顺应绿色低碳的市场导向。这一系列举措旨在构建一个高效、绿色、可持续的现代物流体系。

9.3 提高投资低碳化程度

由第4章和第5章的研究可知，物流业投资碳强度是抑制物流业碳排放的最主要因素，是物流业实现碳达峰目标的关键因素。随着物流业投资碳强度的降低，其对物流业碳排放的抑制效果更加明显，因此提高投资低碳化程度是实现物流业碳达峰的重要举措。

9.3.1 增加节能减排设备投入

企业是构成物流业的基本单元，目前，物流企业在节能减排方面的执行情况还不足以实现碳达峰目标，企业自身需要增加对减排设备的投入，同时政府通过引导和约束来促使企业更好地承担减排责任。目前物流企业的投资通常是为了扩大规模或提高生产效率，而环境因素并未得到充分考虑，导致物流业的碳排放量仍旧保持增长态势。我国经济已由高速增长阶段转向高质量发展阶段，企业需要调整发展模式，不仅仅追求规模和速度，而是要更注重质量和可持续性。因此，企业应该增加对智能物流系统和绿色运输工具的固定资产投入，以提高能源利用效率和降低碳排放。

此外，政府可以采取一些激励措施，如为实施清洁生产的物流企业提供税收优惠、节能环保津贴等，同时对高排放企业和未执行节能环保政策的企业进行监管和处罚。这样可以激励物流企业在发展过程中更加注重碳减排，将更多资金投入到节能减排设备上，推动物流业朝着更加环保的方向发展。

9.3.2 加大清洁能源研发投入

物流业目前研发进展最快的属新能源汽车。国家鼓励新能源汽车的研发和应用，并为生产企业和用户提供各种补贴，推动新能源汽车销量逐渐增加。近年来，氢能源的发展越来越受到关注，氢能源汽车也成为汽车行业的新趋势。氢气是一种清洁能源，其燃烧放出 H_2O，因此氢能源具有零排放的优点。目前，氢能源的技术正在不断发展和完善，氢燃料电池、氢内燃机和储氢技术还有很大发展空间，因此要加大对氢能源技术的研究力度，推广氢能源技术在物流运输车辆中的应用，减少对环境的影响，为物流业的可持续发展贡献力量。

9.4 降低产出碳强度

由第4章和第5章研究结果可知，物流业产出碳强度也是抑制碳排放的重要因素，也是物流业实现碳达峰目标的重要因素。随着物流业产出碳强度的降低，其对物流业碳排放的抑制效果更加明显，因此降低物流业产出碳强度是实现物流业碳达峰的重要举措。

9.4.1 优化物流业运输结构

优化调整物流业运输结构是降低能源消费和实现碳达峰的关键路径之一。调整物流业运输结构，即在确保产出相同的前提下降低能源消耗，从而降低产出碳强度。

加快港口物流枢纽建设，完善港口多式联运，提升多式联运承载能力和衔接水平。推动“公转铁、公转水”等多式联运发展，中长距离运输主要采用铁路、水路运输，短距离运输优先采用封闭式皮带廊道或新能源车船。推动各种交通运输方式深度融合，提升综合运输效率，降低社会物流成本，促进节能减排降碳。

9.4.2 加强绿色包装应用

大力推行绿色包装，降低包装能耗，从而降低物流业能源消费。绿色包装是发展绿色物流的重要内容。最近，在一些城市的顺丰速运营业点，除了传统的纸质包装盒外，还多了不少银灰色的箱子，这就是顺丰自主研发的新型快递循环箱"丰多宝"。这种包装箱采用的是更易回收的单一化材料PP蜂窝板材、自锁底折叠结构和全箱体魔术贴黏合模式，免去使用胶带等耗材，从而可以降低物流业资源消耗。但是绿色包装的普及率目前还较低，因此要加大对绿色包装的普及和应用，为构建低碳物流作出积极贡献。

9.5 改善投资效率

由第4章和第5章研究结果可知，投资效率对"一带一路"沿线省域物流业碳排放起到抑制作用，虽然其抑制效果微弱，但是存在很大的减排潜力。对投资效率因素分析发现，随着投资生产率的降低，对二氧化碳排放量的抑制效果逐渐减弱，因为投资生产率的降低意味着生产效率下降，资源利用效率降低，从而增加了能源消耗，导致碳排放量增加。因此，提高投资生产率是降低碳排放量的重要措施。为了尽早实现碳达峰的目标，必须改善物流业的投资效率。

9.5.1 加大力度淘汰落后物流运输设备

淘汰高耗能、高排放等落后的运输设备对提高物流业投资效率至关重要。这一举措可以降低企业运营成本、减少能源消耗、提升运输效率等。鼓励和推动物流企业更新和替换老旧设备，政府可以提供补贴或贷款等支持，以降低企业替换成本。同时，建立相关的激励机制，鼓励企业主动淘汰落后设备，提升设备的更新速度。引进先进的物流运输设备和技术，可以提高物流效率和运输能力，降低运输成本。加强监管和执法力度，对使用过时、不符合安全标准的物流设备进行淘汰和整顿。加强对物流企业的监督检查，对违规使用落后设备的企业进行处罚，促使企业更新设备，提高物流运输的安全性和可靠性。综上所述，加大力度淘汰落后物流运输设备是一项重要举措，有助于提高物流投资效率，推动物流业的升级和发展。

9.5.2 持续推进物流业降本增效

提升投资效率可以从推进物流业的降本增效中实现。通过优化运输路线和运输方式，缩短运输距离和时间，提高运输效率，可以降低物流业碳排放。此外，推进物流信息化技术的应用，信息化技术可以实现物流信息的实时监控、追踪和管理，提高物流运作效率和准确性，减少信息传递成本和信息不对称带来的风险。通过信息化技术，企业可以更好地掌握市场需求、优化供应链管理，从而降低运营风险，提高企业的投资效率和竞争力。

9.6 提升技术水平及优化能源消费结构

根据对物流业碳排放达峰的预测可知，在技术突破情景下，物流业实现碳达峰，且效果最佳，说明通过提高技术水平，可尽早实现碳达峰目标。能源强度对碳排放有抑制作用，虽然抑制效果不是很明显，但是存在着很大的改善空间。消费碳强度对物流业碳排放在研究范围内整体有微弱促进作用，说明“一带一路”沿线省域物流业能源消费对化石燃料依赖性大，有很大的改善空间。因此，可以调整能源结构，从而降低碳排放。

9.6.1 提升技术水平

通过智能化、自动化的技术手段，可以进一步提高物流效率，降低能源消耗和碳排放。智能化可以通过优化仓储管理，实现智能库存管理和货物损耗预防，减少过多库存和货损带来的二次运输，降低能源浪费。自动化仓储设备如智能拣选系统和自动分拣系统可以提高仓储效率，降低人力成本，提高装卸效率，降低能源消耗。

对于东部地区（如上海、浙江和广东等地区），可以凭借丰富的行业资源和人才储备，以及卓越的创新能力，成为创新型企业集聚、绿色技术研发与应用加速的区域。鉴于此，各省域应充分利用其技术创新优势，打造绿色技术创新的领军高地，合力突破绿色低碳领域的关键技术瓶颈。鼓励企业、高校及研究机构携手合作，建立绿色技术创新项目孵化器、创新创业基地及新型研发平台，加速绿色创新成果的孵化与商业化进程。此外，还需深化产学研合作，构建绿色技术创新成果的市场化交易平台，提升绿色技术创新的产业化效率，推动其更快更好地服务于社会经济的绿色发展。

对于西部地区（如新疆、甘肃和宁夏等地区），应制定与地方发展相匹配的人才政策，优化科研环境，将人才流失的"洼地"转变为高端人才聚集的"高地"，为提升区域技术创新能力奠定坚实的人才基础。

9.6.2 优化物流业能源消费结构

为了能够实现2030年前碳达峰的目标，应优化物流业的能源消费结构，降低物流业能源强度和能源消费强度，从而提高能源利用率。目前物流业对化石能源的依赖程度高，尤其是柴油，其燃烧产生的二氧化碳排放量多，从而使得物流业碳排放呈增加趋势。因此，应减少对柴油等化石能源的使用比例，加大天然气等清洁能源在物流业的使用。能源结构调整在短时间内无法迅速完成，它是一个缓慢的过程，因为它受到诸多因素的影响，如能源价格、能源禀赋情况、技术情况等。但是从长期来看，若能够把能源消费重点转向清洁能源，则可大幅度降低碳排放量。同时，政府也需要加大对物流业研发的投入，可以利用地区的教育优势，加强人才培养和科技创新，以科技手段助力提升能源效率，为改善能源消费结构奠定基础，从而降低能源强度和能源消费碳强度，尽早实现碳达峰目标。

9.7 本章小结

本章根据"一带一路"沿线省域物流业碳排放量的时空演变、影响因素分析和达峰预测的结果，提出了"一带一路"沿线省域物流业碳排放的达峰路径，主要是通过推动区域协同化发展、优化产业结构、提高投资低碳化程度、降低产出碳强度、改善投资效率、提升技术水平及优化能源消费结构等措施，降低物流业的碳排放量。

第10章　结论与展望

10.1　结论

物流业作为支撑“一带一路”建设的基础性、战略性产业，既是支撑国民经济高效运行的重要基础，也是共建绿色“一带一路”的重要抓手。在碳达峰目标背景下，物流业作为我国碳排放的主要行业之一，是碳减排工作的重点。本书的主要目的是提供“一带一路”沿线省域物流业尽早实现碳达峰的可行路径，推动物流业可持续发展。本书选取“一带一路”沿线省域物流业碳排放作为研究对象，首先，运用IPCC碳排放系数法计算2006—2022年“一带一路”沿线省域物流业碳排放量并采用倾向值法（SLOPE）和空间自相关法分析其演变趋势；其次，选用广义迪氏指数分解法（GDIM）分析“一带一路”沿线省域物流业碳排放量的驱动因素，分析各因素对碳排放的贡献；再次，利用情景分析法结合蒙特卡洛模拟法对“一带一路”沿线省域物流业未来碳排放量趋势进行预测；最后，提出“一带一路”沿线省域物流业二氧化碳排放达峰的路径。

本书的主要研究结论如下：

第一，从时间序列上来看，2006—2019年“一带一路”沿线省域物流业碳排放量整体呈上升趋势，2019年的碳排放量达到43 211.68万吨，是2006年的1.87倍。2020年受到疫情的影响，“一带一路”沿线省域物流业碳排放量整体出现下降趋势，大多数省域物流业碳排放变化趋势与之相似。能源消费结构中化石能源占比大，其中柴油的碳排放量年均占比为42.39%，天然气和电力等清洁能源占比小。

第二，从空间序列上来看，“一带一路”沿线省域物流业碳排放量呈现“西北-东南”递增的趋势，且存在显著的空间正相关和区域集聚性，“高-高”集聚区主要分布在东南地区（上海、广东、浙江等），“低-低”集聚区主要分布在西北地区（新疆、青海、甘肃等）。

第三，从物流业碳排放效率来看，“一带一路”沿线省域物流业碳排放效率整体呈现上升趋势，部分省域在2010—2022年间达到了DEA有效，但是大多数省域物流业碳排放效率增长速度较为缓慢，在研究期间内仍未达到DEA有效。

第四，从物流业碳排放影响因素分解来看，运用广义迪氏指数分解法对“一带一路”沿线省域物流业碳排放进行因素分解，得出促增效应：固定资产投资规模>物流业增加值>能源消费规模>人均碳排放量>人口规模>能源消费碳强度；促降效应：投资碳强度>产出碳强度>投资效率>能源强度。物流业固定资产投资规模与增加值是促进物流业碳排放的主要因素；而投资碳强度和产出碳强度是抑制物流业碳排放的关键因素。基于此，政府应该积极鼓励企业加大低碳化投资，以及通过技术创新和升级来优化产业和能源结构。

第五，从物流业碳达峰的预测来看，设置的三种情景下“一带一路”沿线省域物流业二氧化碳排放量未来的趋势有所差异。基准情景下，物流业碳排放量持续增加，因此很难实现2030年前碳达峰目标；政府干预情景下和技术突破情景下，可以实现2030年前碳达峰目标，并且在技术突破情景下物流业碳排放的减排效果最佳。因此，实施更加严厉的碳减排措施和在减排技术上得到突破，“一带一路”沿线省域物流业将可以早日实现碳达峰目标。

第六，从“一带一路”沿线省域物流业碳排放量的时空演变、影响因素分析和达峰预测的结果来看，要想尽早实现碳达峰目标，需要通过技术创新等措施加强促降因素和提升减排效果。政府应该结合“一带一路”沿线省域物流业的特点，有针对性地制定节能减排措施，如推进区域物流业协同化发展、提高投资低碳化程度、降低产出碳强度、改善投资效率、降低物流能源强度和能源消费碳强度。

10.2 不足与展望

本书虽然通过研究分析确定了“一带一路”沿线省域物流业碳排放量的影响因素并且预测了未来三种情境下物流业的碳达峰情况，提出了物流业碳达峰路径，为“一带一路”沿线省域物流业节能减排提供一定的借鉴意义，但是仍旧存在不足，未来可以进一步从以下方面进行改进和完善：

第一，本书选取了物流业增加值、产出碳强度、能源消费量、能源消费碳强度、固定资产投资、投资碳强度、人口数量、人均碳排放量、投资效率和能源强度10个指标作为“一带一路”沿线省域物流业碳排放量的影响因素。由于物流业碳排放的影响因素是多方面的、复杂的，本书只选取10个影响指标难免存在一定的主观性和片面性，且选取的指标均为可量化指标，缺少市场驱动、企业战略等定性指标，从而不能全面反映各因素对物流业碳排放的实际贡献程度。

第二，达峰模型的拓展。本书以物流业碳排放总量的KAYA恒等式为基础，简化“一带一路”沿线省域物流业碳排放量模型，进而模拟未来物流业碳排放的发展趋势以及相应的达峰状态。在未来的研究中，可以进一步扩展现有的碳排放模型的因素，特别是一系列影响物流业碳排放的经济影响因素，进行更可靠合理的物流业碳排放未来发展趋势预测。

参考文献

[1] IPCC. Global warming of 1.5℃ [R]. Incheon: IPCC, 2018.

[2] ANDERSSON F N G, KARPESTAM P. CO_2 emissions and economic activity: Short-and long-run economic determinants of scale, energy intensity and carbon intensity [J]. Energy Policy, 2013 (61): 1285-1294.

[3] BAI D, DONG Q, KHAN S A R, et al. Spatio-temporal heterogeneity of logistics CO_2 emissions and their influencing factors in China: An analysis based on spatial error model and geographically and temporally weighted regression model [J]. Environmental Technology & Innovation, 2022 (28): 102791.

[4] CANSINO J M, ROMÁN R, ORDONEZ M. Main drivers of changes in CO_2 emissions in the Spanish economy: A structural decomposition analysis [J]. Energy Policy, 2016 (89): 150-159.

[5] CHEN J, XU C, SHAHBAZ M, et al. Interaction determinants and projections of China's energy consumption: 1997-2030 [J]. Applied Energy, 2021 (283): 116345.

[6] CHEN Q, WANG Q, ZHOU D, et al. Drivers and evolution of low-carbon development in China's transportation industry: an integrated analytical approach [J]. Energy, 2023 (262): 125614.

[7] CHEN X, SHUAI C, WU Y, et al. Analysis on the carbon emission

peaks of China′s industrial, building, transport and agricultural sectors [J]. Science of the Total Environment, 2020 (709): 768–783.

[8] DAGOUMAS A S, BARKER T S.Pathways to a low–carbon economy for the UK with the macro–econometric E3MG Model [J]. Energy Policy, 2010.38 (6): 3067–3077.

[9] DAI Y, GAO H O. Energy consumption in China's logistics industry: A decomposition analysis using the LMDI approach [J]. Transportation Research Part D: Transport and Environment, 2016 (46): 69–80.

[10] FULLER D O. Trends in NDVI time series and their relation to rangeland and crop production in Senegal, 1987–1993 [J]. International Journal of Remote Sensing, 1998, 19 (10): 2013–2018.

[11] GROUP N E C .Kyoto Protocol gets boost from BP [J]. Chemical and Engineering News: News Edition of the American Chemical Society, 1998, 76 (39): 19.

[12] HO K, LEUNG C S, SUM J. Objective functions of online weight nosieinjection training algorithms for MLPs [J]. Neural Networks.2011, 22 (2): 317–323.

[13] IPCC. 2019 Refinement to the 2006 IPCC Guidelines for National Greenhouse GasInventory [R]. 2019.

[14] IPCC. IPCC 2006 年国家温室气体清单指南 2019 修订版 [EB/OL]. [2024–05–28]. https://www. ipcc. ch/report/2019–refinement–to–the–2006–ipcc–guidelines–for–national–greenhouse–gas–inventories/.

[15] ISIK M, SARICA K, ARI I. Driving forces of Turkey's transportation sector CO_2 emissions: An LMDI approach [J]. Transport Policy, 2020 (97): 210–219.

[16] JIANG R, LI R. Decomposition and decoupling analysis of life–cycle carbon emission in China's building sector [J]. Sustainability, 2017, 9 (5): 793.

[17] KAYA Y. Impact of carbon dioxide emission on GNP growth: Interpretation of proposed scenarios [R]. Paris: IPCC Energy and Industry Subgroup, 1989.

[18] KAYA Y, YOKOBORI. Environment, energy and economy: Strategies for sustainability [M]. Delhi: Bookwell Publications, 1997.

[19] KUMINOFF N V, PARMETER C F, POPE J C. Which hedonic models can we trust to recover the marginal willingness to pay for environmental

amenities? [J]. Journal of Environmental Economics and Management, 2010, 60 (3): 145-160.

[20] LI Y, DONG H K, LU S. Research on application of a hybrid heuristic algorithm in transportation carbon emission [J]. Environmental Science and Pollution Research, 2021, 28 (35): 48610-48627.

[21] LI Y, LIM M K, HU J, et al. Investigating the effect of carbon tax and carbon quota policy to achieve low carbon logistics operations [J]. Resources, Conservation and Recycling, 2020 (154): 104535.

[22] LIM J, KANG M, JUNG C. Effect of national-level spatial distribution of cities on national transport CO_2 emissions [J]. Environmental Impact Assessment Review, 2019 (77): 162-173.

[23] LIN B Q, XIE C Y. Reduction potential of CO_2 emissions in China's transport industry [J]. Renewable and Sustainable Energy Reviews, 2014 (33): 689-700.

[24] LIU L, WANG K, WANG S, et al. Assessing energy consumption, CO_2 and pollutant emissions and health benefits from China's transport sector through 2050 [J]. Energy Policy, 2018 (116): 382-396.

[25] LONG R, OUYANG H, GUO H. Super-slack-based measuring data envelopment analysis on the spatial - temporal patterns of logistics ecological efficiency using global Malmquist index model [J]. Environmental Technology & Innovation, 2020 (18): 100770.

[26] MINX J C, BAIOCCHI G, PETERS G P, et al. A "carbonizing dragon": China's fast growing CO_2 emissions revisited [J]. Environmental Science & Technology, 2011, 45 (21): 9144-9153.

[27] MOONEY C Z. Monte carlo simulation [M]. New York: Sage, 1997.

[28] OU X, ZHANG X, CHANG S. Scenario analysis on alternative fuel/vehicle for China's future road transport: Life-cycle energy demand and GHG emissions [J]. Energy Policy, 2010, 38 (8): 3943-3956.

[29] QUAN C, CHENG X, YU S, et al. Analysis on the influencing factors of carbon emission in China's logistics industry based on LMDI method [J]. Science of the Total Environment, 2020 (734): 138-147.

[30] RAFTERY A E, ZIMMER A, FRIERSON D M W, et al. Less than 2℃ warming by 2100 unlikely [J]. Nature Climate Change, 2017, 7 (9): 637-641.

[31] RAHMAN M M, SULTANA N, VELAYUTHAM E. Renewable energy,

energy intensity and carbon reduction: Experience of large emerging economies [J]. Renewable Energy, 2022 (184): 252-265.

[32] RAMÍREZ A, DE KEIZER C, VAN DER SLUIJS J P, et al. Monte Carlo analysis of uncertainties in the Netherlands greenhouse gas emission inventory for 1990 - 2004 [J]. Atmospheric Environment, 2008, 42 (35): 8263-8272.

[33] ROGELJ J, DEN ELZEN M, HÖHNE N, et al. Paris Agreement Climate Proposals need a boost to keep warming well below 2℃ [J]. Nature, 2016, 534 (7609): 631-639.

[34] ROGELJ J, NABEL J, CHEN C, et al. Copenhagen Accord pledges are paltry [J]. Nature, 2010, 464 (7292): 1126-1128.

[35] SANDS P. The United Nations framework convention on climate change [J]. Review of European Comparative & International Environmental Law, 1992, 1 (3): 270-277.

[36] SHAO S, YANG L, GAN C, et al. Using an extended LMDI model to explore techno-economic drivers of energy-related industrial CO_2 emission changes: A case study for Shanghai (China) [J]. Renewable and Sustainable Energy Reviews, 2016 (55): 516-536.

[37] SINGH P, KANSAL A, CARLIELL-MARQUET C. Energy and carbon footprints of sewage treatment methods [J]. Journal of Environmental Management, 2016, (165): 22-30.

[38] SOLAYMANI S. CO_2 emissions patterns in 7 top carbon emitter economies: The case of transport sector [J]. Energy, 2019 (168): 989-1001.

[39] TONE K . A slacks based-measure of efficiency in data development analysis [J]. European Journal of Operational Research, 2001, 130 (3): 498-509.

[40] TONE K . A slacks-based measure of super-efficiency in data envelopment analysis [J]. European Journal of Operational Research, 2002, 143 (1): 32-41.

[41] VANINSKY A. Factorial decomposition of CO_2 emissions: A generalized Divisia index approach [J]. Energy Economics, 2014 (45): 389-400.

[42] WANG T, LI H, ZHANG J, et al. Influencing factors of carbon emission in China's road freight transport [J]. Procedia-Social and Behavioral Sciences, 2012 (43): 54-64.

[43] XU S C, ZHANG L, LIU Y T, et al. Determination of the factors that influence increments in CO_2 emissions in Jiangsu, China using the SDA method [J]. Journal of Cleaner Production, 2017 (142): 3061-3074.

[44] YANG J, TANG L, MI Z, et al. Carbon emissions performance in logistics at the city level [J]. Journal of Cleaner Production, 2019 (231): 1258-1266.

[45] YANG W, LI T, CAO X. Examining the impacts of socio-economic factors, urban form and transportation development on CO_2 emissions from transportation in China: A panel data analysis of China's provinces [J]. Habitat International, 2015 (49): 212-220.

[46] ZHANG C, ZHANG W, LUO W, et al. Analysis of influencing factors of carbon emissions in China's logistics industry: A GDIM-based indicator decomposition [J]. Energies, 2021, 14 (18): 5742.

[47] ZHANG P X, LI S S. Driving factors and scenario prediction of carbon emission from transport sector in the Yangtze River Basin of China [J]. Frontiers in Ecology and Evolution, 2023 (11): 1283605.

[48] 包耀东，李晏墅，张世忠.长三角区域物流业碳排放规模及其影响因素研究[J]. 生态经济，2020，36 (11): 25-31; 53.

[49] 鲍洪杰，寿逸人.丝绸之路经济带中宁夏战略定位与实现路径 [J]. 贵州民族研究，2014，35 (7): 130-133.

[50] 曹俊文，周丽.长三角地区物流业碳排放时空分布及其影响因素研究 [J]. 统计与决策，2021，37 (10): 79-83.

[51] 曾晓莹，邱荣祖，林丹婷，等.中国交通碳排放及影响因素时空异质性 [J]. 中国环境科学，2020，40 (10): 4304-4313.

[52] 陈亮，王金泓，何涛，等.基于SVR的区域交通碳排放预测研究 [J]. 交通运输系统工程与信息，2018，18 (2): 13-19.

[53] 程小春.基于生命周期法建筑上部结构碳排放分析研究 [J]. 中国建筑装饰装修，2023 (1): 90-93.

[54] 崔大鹏.低碳经济漫谈 [J]. 环境教育，2009 (7): 13-21.

[55] 杜祥忠，杨连殿.油田联合站碳排放计算及浅析 [J]. 油气与新能源，2024，36 (1): 48-53.

[56] 发展和改革委员会.关于推动物流高质量发展促进形成强大国内市场的意见 [EB/OL]. (2019-03-02) [2024-05-28]. https://www.gov.cn/xinwen/2019-03/02/content_5370107.htm.

[57] 付延冰，刘恒斌，张素芬.高速铁路生命周期碳排放计算方法 [J]. 中国铁

道科学，2013，34（5）：140-144.

[58] 傅京燕，张珊珊.碳排放约束下我国外贸发展方式转变之研究——基于进出口隐含CO_2排放的视角［J］. 国际贸易问题，2011（8）：110-121.

[59] 高标，房骄，卢晓玲，等.区域农业碳排放与经济增长演进关系及其减排潜力研究［J］. 干旱区资源与环境，2017，31（1）：13-18.

[60] 戈秋虞，张兰怡，邱荣祖，等.基于GDIM法的福建省交通碳排放驱动因素分析［J］. 福建农林大学学报（自然科学版），2022，51（1）：131-136.

[61] 国家环境保护部、外交部、发展改革委、商务部发布《关于推进绿色“一带一路”建设的指导意见》［EB/OL］.（2017-04-26）［2024-11-08］. https：//www. mee. gov. cn/gkml/hbb/bwj/201705/t20170505_413602. htm.

[62] 国家统计局.中国第三产业统计年鉴（2021）［M］. 北京：中国统计出版社，2022.

[63] 国务院办公厅.国务院关于印发“十二五”节能减排综合性工作方案的通知［EB/OL］.（2011-08-31）［2024-05-28］. https：//www. gov. cn/gongbao/content/2011/content_1947196.htm.

[64] 国务院办公厅.国务院关于印发“十三五”控制温室气体排放工作方案的通知［EB/OL］.（2016-10-27）［2024-05-28］. https：//www.gov.cn/gongbao/content/2016/content_5139816.htm.

[65] 国务院办公厅.国务院关于印发“十四五”现代物流发展规划的通知［EB/OL］.（2022-05-17）［2024-05-28］. https：//www.gov.cn/zhengce/content/2022-12/15/content_5732092.htm.

[66] 国务院办公厅.国务院关于印发2030年前碳达峰行动方案的通知［EB/OL］.（2021-10-26）［2024-05-28］. https：//www.gov.cn/gongbao/content/2021/content_5649731.htm.

[67] 国务院办公厅.国务院关于印发物流业发展中长期规划（2014-2020年）的通知［EB/OL］.（2014-09-12）［2024-05-28］. https：//www.gov.cn/gongbao/content/2014/content_2764685.htm.

[68] 国务院办公厅.国务院关于印发中国应对气候变化国家方案的通知［EB/OL］.（2007-06-03）［2024-05-28］. https：//www.gov.cn/gongbao/content/2007/content_678918.htm.

[69] 国务院办公厅.国家发展改革委、外交部、商务部发布《推动共建丝绸之路经济带和21世纪海上丝绸之路的愿景与行动》通知［EB/OL］.（2015-03-28）［2024-05-28］. https：//www. gov. cn/xinwen/2015-03/28/content_2839723.htm.

[70] 国务院办公厅.国务院发布新时代的中国能源发展白皮书［EB/OL］.（2020-12-21）［2024-05-28］. https：//www.gov.cn/xinwen/2020-12/21/content_5571916.htm.

[71] 国务院办公厅.国务院关于印发“十四五”节能减排综合工作方案的通知［EB/OL］.（2021-12-28）［2024-05-28］. https：//www. gov. cn/gongbao/content/2022/content_5674299.htm.

[72] 国务院办公厅.国务院关于印发2030年前碳达峰行动方案的通知［EB/OL］.（2021-10-24）［2024-05-28］. https：//www.gov.cn/gongbao/content/2021/content_5649731.htm.

[73] 何建坤.发展低碳经济关键在于低碳技术创新［J］. 绿叶，2009（1）：24-29.

[74] 胡鞍钢.中国实现2030年前碳达峰目标及主要途径［J］. 北京工业大学学报（社会科学版），2021，21（3）：1-15.

[75] 戢守峰，唐金环.低碳物流［M］. 北京：中国财富出版社，2015.

[76] 姜志威，蒋海里，刘晓苹，等.城市高架桥建造周期内CO_2排放量计算研究［J］. 中国市政工程，2012（2）：86-88；104-105.

[77] 交通运输部.交通运输部关于印发《综合运输服务“十四五”发展规划》的通知［EB/OL］.（2021-11-02）［2024-05-28］. https：//www.gov.cn/zhengce/zhengceku/2021-11/18/content_5651656.htm.

[78] 金凤花，富立友，马洪伟.区域物流碳排放空间格局的演化研究［J］. 科技管理研究，2016，36（8）：254-257.

[79] 李翠霞，钱薇.黑龙江省乳业集群发展问题与对策研究［J］. 农业经济与管理，2010（4）：29-33.

[80] 李达，林龙圳，林震，等.黄河流域生态保护和高质量发展的EKC检验［J］. 生态学报，2021，41（10）：3965-3974.

[81] 李京文，徐寿波.物流学及其应用［M］. 北京：经济科学出版社，1987.

[82] 李宁海，陈硕，梁肖，等.我国交通运输业碳达峰时间预测［J］. 交通运输系统工程与信息，2024，24（1）：2-13；54.

[83] 李善同，侯永志，刘云中，等.中国经济增长潜力与经济增长前景分析［J］. 管理世界，2005，（9）：7-19；27；171.

[84] 李玮，孙文.省域交通运输业碳排放时空分布特征［J］. 系统工程，2016，34（11）：30-38.

[85] 马海涛，康雷.京津冀区域公路客运交通碳排放时空特征与调控预测［J］. 资源科学，2017，39（7）：1361-1370.

[86] 李晓梅，黄俊.中国省域物流碳排放效率的演化特征及收敛性分析［J］. 世

界地理研究，2024，33（4）：155-166.
[87] 李晓榕，陈强强.全生命周期视角下甘南黄河水源补给区畜牧业碳足迹估算及时空格局分析［J］. 草业学报，2024，33（9）：227-241.
[88] 李永明，张明.碳达峰、碳中和背景下江苏工业面临的挑战、机遇及对策研究［J］. 现代管理科学，2021（5）：20-29.
[89] 李梓赫，周冬梅，江晶，等.甘肃省土地利用碳排放时空演变特征及影响因素［J］. 环境科学，2024，45（9）：5040-5048.
[90] 林伯强，刘希颖.中国城市化阶段的碳排放：影响因素和减排策略［J］. 经济研究，2010，45（8）：66-78.
[91] 林卫斌，吴嘉仪.碳中和目标下中国能源转型框架路线图探讨［J］. 价格理论与实践，2021（6）：9-12.
[92] 林秀群，李阳，唐向阳.我国物流业全要素碳排放效率测度及动态变化研究［J］. 公路交通科技，2022，39（11）：182-190.
[93] 刘国平，曹莉萍.基于福利绩效的碳生产率研究［J］. 软科学，2011（1）：71-74.
[94] 刘华军，郭立祥，乔列成，等.中国物流业效率的时空格局及动态演进［J］. 数量经济技术经济研究，2021，38（5）：57-74.
[95] 刘慧甜，胡大伟.基于机器学习的交通碳排放预测模型构建与分析［J］. 环境科学，2024，45（6）：3421-3432.
[96] 刘小兰，朱颖.长江经济带物流业碳排放效率非均衡性及驱动因素分析［J］. 生济，2023，39（11）：47-53.
[97] 刘颖，王远，朱琳.长三角地区建筑业碳排放变化的时空特征及影响因素分析［J］. 中国环境科学，2023，43（12）：6677-6688.
[98] 吕江.《巴黎协定》：新的制度安排、不确定性及中国选择［J］. 国际观察，2016（3）：92-104.
[99] 马海涛，康雷.京津冀区域公路客运交通碳排放时空特征与调控预测［J］. 资源科学，2017，39（7）：1361-1370.
[100] 马晓君，陈瑞敏，董碧滢，等.中国工业碳排放的因素分解与脱钩效应［J］. 中国环境科学，2019，39（8）：3549-3557.
[101] 孟帆，张光明.基于物料平衡的光合细菌污水资源化碳排放研究［J］. 工业水处理，2022，42（6）：74-78.
[102] 孟祺.我国出口商品的碳排放研究——基于投入产出方法的分析［J］. 国际贸易问题，2010（12）：78-83.
[103] 穆晓央，王力，徐蓉，等.西部省域物流业碳排放脱钩及影响因素研究［J］. 环境科学与技术，2020，43（4）：214-219.

[104] 宁晓菊，张金萍，秦耀辰，等.郑州城市居民交通碳排放的时空特征[J]. 资源科学，2014（5）：8.

[105] 潘家华，庄贵阳，郑艳，等.低碳经济的概念辨识及核心要素分析[J]. 国际经济评论，2010（4）：88-101.

[106] 邱慧，解瑞金，赵汶钰.山西省低碳物流产业发展影响因素分析[J]. 运城学院学报，2022，40（1）：64-70.

[107] 林子涵."一带一路"交通互联互通迈上新台阶[N]. 人民日报海外版，2022-10-16.

[108] 任国强，赵翠明.碳源视角下中国物流业碳排放地区差距及变动[J]. 环境科学与技术，2021，44（3）：191-199.

[109] 邵帅，李欣，曹建华，等.中国雾霾污染治理的经济政策选择——基于空间溢出效应的视角[J]. 经济研究，2016，51（9）：73-88.

[110] 邵帅，张曦，赵兴荣.中国制造业碳排放的经验分解与达峰路径：广义迪氏指数分解和动态情景分析[J]. 中国工业经济，2017（3）：44-63.

[111] 生态环境部办公厅.关于做好2022年企业温室气体排放报告管理相关重点工作的通知[R]. 2022.

[112] 孙峰华，魏晓，刘玉桥，等.山东半岛城市群物流业发展核心竞争力[J]. 地理学报，2008（10）：1108-1118.

[113] 孙彦明，杨怡乐，李清立."双碳"目标下中国省域交通碳排放强度的时空演变分析[J]. 宏观经济研究，2023（11）：48-61.

[114] 汤沛.基于模糊评估法和层次分析法的网络安全态势评估研究[J]. 网络安全技术与应用，2015（10）：69-70.

[115] 汪鸣，冯浩.我国现代物流业发展政策及建议[J]. 宏观经济研究，2002（5）：55-59.

[116] 王慧慧，余龙全，曾维华.基于职居分离调整的北京市交通碳减排潜力研究[J]. 中国人口·资源与环境，2018，28（6）：41-51.

[117] 王可睿，邵必林.陕西省物流业碳排放因素分解与情景预测[J]. 物流工程与管理，2023，45（11）：5-9.

[118] 王勤花.联合国坎昆气候会议达成《坎昆协议》[J]. 地球科学进展，2010，25（12）：1410.

[119] 王世进，蒯乐伊.中国交通运输业碳排放驱动因素与达峰路径[J]. 资源科学，2022，44（12）：2415-2427.

[120] 王雪娜，顾凯平.中国碳源排碳量估算办法研究现状[J]. 环境科学与管理，2006（4）：78-80.

[121] 王勇，韩舒婉，李嘉源，等.五大交通运输方式碳达峰的经验分解与情景预

测——以东北三省为例［J］．资源科学，2019，41（10）：1824-1836.
［122］魏庭阳，张晨，缪一祎．福建省碳超载时空格局演化及弱化路径［J］．生态学报，2022，42（23）：9677-9688.
［123］魏庭阳，张晨，缪一祎．福建省碳超载时空格局演化及弱化路径［J］．生态学报，2022，42（23）：9677-9688.
［124］佚名．西北五省区在丝绸之路经济带中的定位［J］．中国对外贸易，2014（5）：56-61.
［125］佚名．西南四省区在丝绸之路经济带中的定位［J］．中国对外贸易，2014（5）：62-63.
［126］习近平．习近平谈治国理政［M］．北京：外文出版社，2014：289.
［127］谢守红，蔡海亚，夏刚祥．中国交通运输业碳排放的测算及影响因素［J］．干旱区资源与环境，2016（5）：13-18.
［128］胥爱霞．基于LMDI方法的广东省物流业碳排放影响因素分析［J］．数学的实践与认识，2018，48（23）：272-277.
［129］许红莲．农产品绿色物流金融运营的帕累托最优状态分析［J］．系统工程，2010，28（3）：123-126.
［130］杨彬，宁小莉．新型城镇化视角下中国交通运输碳排放测度及其空间格局分析［J］．内蒙古师范大学学报（自然科学汉文版），2015（5）：667-673.
［131］杨青，郭露，刘星星，等．中国省域交通碳排放空间关联格局的驱动特征［J］．中国环境科学，2024，44（2）：1171-1184.
［132］杨奕．京津冀物流业效率测度及影响因素研究［D］．天津：天津理工大学，2021.
［133］张宏军，徐有为，程恺，等．数据包络分析研究热点综述［J］．计算机工程与应用，2018，54（10）：219-228.
［134］张克勇，刘县美，郭丕斌，等．京津冀交通部门CO_2排放的时空差异及影响因素［J］．系统工程，2019，37（5）：12-20.
［135］张兰怡，徐艺诺，翁大维，等．经济高质量发展背景下中国省域物流业碳排放时空分异［J］．环境科学，2024，45（9）：5086-5096.
［136］张晔，宋国华，尹航，等．综合交通运输系统碳排放预测的不确定性分析［J］．交通运输工程与信息学报，2023，21（1）：64-79.
［137］郑健壮，龚昊，靳雨涵，等．物流业集聚与区域经济增长——基于八大经济综合区的实证研究［J］．商业经济研究，2023（13）：79-83.
［138］郑琰，贲宇姝，王康得，等．物流企业的碳排放效率评价及驱动因素分析［J］．交通运输系统工程与信息，2023，23（2）：11-21.
［139］中国物流与采购联合会，北京物资学院，深圳市深中原科技有限公司，等．

物流术语［S］．国家市场监督管理总局；国家标准化管理委员会，2021.
［140］ 朱长征，杨莎，刘鹏博，等.中国交通运输业碳达峰时间预测研究［J］．交通运输系统工程与信息，2022，22（6）：291-299.
［141］ 庄贵阳，窦晓铭，魏鸣昕.碳达峰碳中和的学理阐释与路径分析［J］．兰州大学学报（社会科学版），2022，50（1）：57-68.
［142］ 庄贵阳.我国经济低碳发展的途径与潜力分析［J］．国际技术经济研究，2005（3）：79-87.

索引